数据库技术的研究与应用

徐颖慧　著

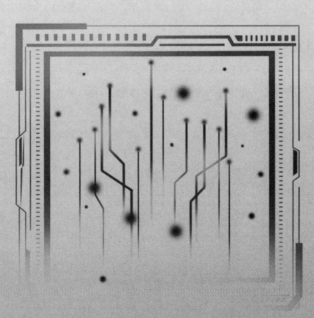

中国原子能出版社
China Atomic Energy Press

图书在版编目（CIP）数据

数据库技术的研究与应用 / 徐颖慧著 . –– 北京：
中国原子能出版社 , 2022.12

ISBN 978-7-5221-2433-9

Ⅰ . ①数… Ⅱ . ①徐… Ⅲ . ①关系数据库系统 Ⅳ .
① TP311.132.3

中国版本图书馆 CIP 数据核字 (2022) 第 228651 号

数据库技术的研究与应用

出版发行		中国原子能出版社（北京市海淀区阜成路 43 号 100048）
责任编辑		潘玉玲
责任印制		赵　明
印　　刷		北京天恒嘉业印刷有限公司
经　　销		全国新华书店
开　　本		787mm×1092mm　1/16
印　　张		9.625
字　　数		201 千字
版　　次		2022 年 12 月第 1 版　　2022 年 12 月第 1 次印刷
书　　号		ISBN 978-7-5221-2433-9　　　　定　价　76.00 元

前　言

　　数据库技术是通过研究数据库的结构、存储、设计、管理以及应用的基本理论和实现方法，来实现对数据库中的数据进行处理、分析和理解的技术。掌握数据库技术可以帮助我们更好地理解各种应用系统的运行原理。在工作中使用数据库来处理数据可以极大地提高工作效率。因此，数据库技术成为进行信息系统开发必须掌握的基础知识。

　　本书系统全面地阐述了数据库的基础理论、基本技术和基本方法，具体内容主要包括数据库系统概述、数据库模型、数据库设计、创建数据库和数据表、结构化查询语言及数据查询、视图、事务管理、数据库的存储过程与触发器、数据库的安全管理与备份。

　　在素材组织上，本书注重问题的提出、分析、解决，内容的逻辑性，以及理论和应用的结合。从最基础的原理和概念开始讲解，使读者慢慢地了解数据库的知识，并且引入了实际应用中的案例，对具体的操作步骤都进行了演示，系统且全面。同时，引用的案例通俗易懂，能够使读者快速地理解基础知识和学会操作流程。

　　本书可作为高校学生学习数据库的入门教材，也可以作为有志于学习数据库技术的读者的参考用书。当然，读者可根据自己的需要，在阅读本书时做一些适当的取舍。

　　在编写过程中，编者参考了许多文献资料，听取了众多同人的意见，在此向各位同人表示最诚挚的感谢。因编者的水平有限，书中难免有纰漏之处，恳请读者批评指正，编者表示衷心的感谢。

编　者

目　录

第1章 数据库系统概述

数据库和数据库系统已经成为现代社会日常生活的重要组成部分。在日常生活中，人们到银行存钱或取钱、预订宾馆房间或机票、在图书馆查找图书或者从网上购物，这些活动都会涉及数据库。在以上数据库应用中，大多数信息是以文本或数字形式来存储和访问的。随着科技的快速发展，数据库得到更广泛的应用。数据库是信息化社会中信息资源开发和利用的基础，数据库的建设规模、数据库信息量的大小和使用频率已成为衡量社会信息化程度的重要标志。本章是全书的导引，主要分为数据库技术的发展、数据库的基本概念、数据库系统体系结构和数据库技术的应用4部分。

1.1 数据库技术的发展

数据库技术是应数据管理任务的需要而产生的，是数据管理的最新技术，是构成信息系统的核心和基础。数据管理是指对数据进行分类、组织、编码、存储、检索和维护，是数据处理的中心问题，而数据处理是指对各种数据进行收集、存储、加工和传播的一系列活动。在数据管理领域，数据和信息是分不开的，一般把信息理解为现实世界事物存在方式或运动状态的反映，而数据通常指用符号记录下来的、可以识别的信息。可见信息与数据之间存在着固有的联系：数据是信息的符号表示或载体，信息则是数据的内涵，是对数据的解释。

在计算机问世前，对数据的管理只能采用手工和机械方式。计算机问世后，在应用需求的推动下，在计算机硬件、软件发展的基础上，数据管理技术经历了人工管理、文件系统管理和数据库系统管理3个阶段。

1.1.1 人工管理阶段

在人工管理阶段，硬件方面，外部存储器只有磁带、卡片和纸带等，还没有磁盘等直接存取存储设备，所以数据并不保存；软件方面，还没有出现操作系统，尚无数据管理方面的软件，应用程序（用户）负责管理数据，对数据进行批量处理。这个时期对于数据的管理是由用户自己完成的，所以称为人工管理阶段。

人工管理数据具有如下特点。

1. 数据不保存

计算机主要用于计算，并不对数据进行其他操作，也没有磁盘等直接存储设备，数据并不单独保存在计算机系统中。随着程序运行完成，程序中数据所占用的内存空间同指令所占用的内存空间一起被释放，退出计算机系统。

2. 数据面向程序

数据需要由应用程序设计、说明（定义）和管理，程序员在编写程序时规定数据的存储结构、存取方法、输入方式等。

3. 数据不能共享

数据完全面向特定的应用程序，数据的产生和存储依赖于定义和使用数据的程序。多个程序使用相同数据时也必须各自定义、重复存储，因此会产生冗余数据。但这是不可避免的，因为一个程序所使用的数据并不能为另一个程序所知，数据不能共享。

4. 数据不具有独立性

数据独立性是指用户的应用程序与数据的逻辑结构和物理结构是相互独立的。在人工管理阶段，没有专门的软件对数据进行管理，程序直接面向存储结构（此阶段数据的逻辑结构与物理结构没有区别）。当数据的存储结构发生变化时，必须由应用程序做相应的修改，对数据进行重新定义。

1.1.2 文件系统管理阶段

20世纪50年代末到60年代中期，计算机不仅用于科学计算，还开始大量用于数据管理。这个时期硬件上有了磁盘、磁鼓等直接存取设备，计算机所能处理的数据的数量和处理速度得到了提高。软件方面出现了操作系统和高级语言，操作系统中有了专门管理数据的软件。数据处理方式上，不仅能进行批量处理，还能进行联机实时处理。这个时期对于数据的管理是由文件系统完成的。文件系统管理数据具有如下特点。

1. 由文件系统管理数据

文件系统是操作系统中负责存取和管理数据的模块，采用统一的方式管理用户和系统中数据的存储、检索、更新、共享和保护等。文件系统可把应用程序所管理的数据组织成相互独立的数据文件，利用"按文件名访问，按记录进行存取"的文件管理技术，实现对数据的修改、插入和删除等操作。

文件系统所管理的数据文件是一种有结构的文件。它包含若干逻辑记录，逻辑记录是文件中按信息在逻辑上的独立含义划分的一个信息单位，记录在文件中的排列可能有顺序关系。此外，记录和记录之间不存在其他关系。数据文件之间更是相互独立、缺乏联系的。

2. 数据可以长期保存

数据可以"文件"的形式长期保存在磁盘等外部存储器上，应用程序可通过文件系统对磁盘上文件中的数据进行管理。

3. 程序和数据之间具有"设备独立性"

利用文件系统，应用程序无须考虑如何将数据存放在存储介质上，只要知道文件名，给出有关操作要求便可存取数据，实现了"按名访问"。因此，数据文件可脱离应用程序单独存储，可以重复使用，程序和数据之间具有"设备独立性"。

4. 数据面向应用

在文件系统管理阶段，文件的建立、存取、查询和更新等操作都要借应用程序来实现。数据需要由应用程序设计、说明（定义）和管理，程序员在编写程序时不仅要规定数据的逻辑结构，还要设计数据的物理结构，包括数据的存储结构、存取方法、输入方式等。

数据的逻辑结构是用户可见的信息组织方式，可独立于物理环境加以构造；数据的物理结构是数据在物理存储空间中的存放方法和组织方式。比如，学生的姓名、性别、年龄等可用线性表这种逻辑结构组织，表中的数据元素称为一个记录，含有大量记录的线性表称为文件。而在物理存储空间可用一组地址连续的存储单元依次存储线性表的元素（称为顺序存储），也可用一组任意的存储单元存储线性表的数据元素（称为链式存储）。对线性表中的数据可采用后进先出的堆栈存取方法，也可采用先进先出的队列存取方法。数据的输入可采用在程序中进行简单赋值、批量赋值，或在程序运行时从键盘输入等方式。所有这些都需要借助于某种计算机语言，采用适当的数据结构在应用程序中加以实现。应用程序再在数据的存储结构基础上，采用一定的算法来实现对数据的存取、查询和更新等操作。

由此可见，文件系统管理阶段是数据管理技术发展中的一个重要阶段。但随着数据管理规模的扩大和数据量的急剧增加，利用文件系统进行数据管理存在以下缺点。

1. 数据的共享性差，冗余度大

此时，虽然程序和数据之间具有"设备独立性"，但数据仍然是面向应用的。数据文件的建立、存取等操作都要由应用程序来实现，不同的应用程序所使用的相同的数据也必须存储在各自的数据文件中，数据文件之间是相互独立的，不能反映出不同应用所用的相关数据之间的内在联系。由于不能共享相同的数据，因此数据的冗余度大，浪费存储空间。而相同数据的重复存储、各自管理，容易造成数据的不一致，给数据的维护带来困难。

例 1-1-1　学生文件 S 的记录可由学号、姓名、性别、出生年月、所在系等数据项组成；课程文件 C 的记录可由课程编号、课程名称、选修课程号、主讲教师等数据项组成；学生选课文件 SC 的记录可由学号、姓名、课程编号、成绩等数据项组成。在实际应用中，这 3 个文件的记录之间是有联系的，文件 SC 中某一记录的"学号"数据项的值应该是文件 S 中某个记录的"学号"数据项的值，文件 SC 中某一记录的"课程编号"数据项的值应该是文件 C 中某个记录的"课程编号"数据项的值。

在文件系统中，尽管记录内部是有结构的，但记录之间是没有联系的。学生、课程以及学生选课文件是 3 个独立的文件，可能是由 3 个不同的用户分别创建的。即使是在同一个用户创建的文件 S 和 SC 中，学号相同而姓名不同的记录对于系统来说是正常的；在同一文件 SC 中，出现同一学生选修同一课程却有不同成绩的记录也是正常现象；若是由 3 个不同用户创建的 3 个文件，数据间更没有必然的联系，创建文件 SC 的用户无法知道对应某一课程编号的课程名称等信息，或对应某一学号的学生性别等信息。如果用户有需要，只能重复存储。而若要使这 3 个文件中的数据有联系，且相应的数据保持一致，必须再编写相应的应用程序来实现。

2. 数据与程序的独立性差

在文件系统管理阶段，数据仍然是面向应用的。数据文件中只存储数据，不存储文件记录的结构描述信息。应用程序不仅要确定数据的逻辑结构，还要设计数据的物理结构。应用程序与数据的逻辑结构和物理结构不是相互独立的。一旦数据的逻辑结构或物理结构需要改变，必须修改应用程序，即修改程序中有关数据逻辑结构或物理结构的定义。比如，扩展线性表中记录的数据项，修改数据项的数据表示法等逻辑结构，或为了提高应用程序的执行效率，而将数据文件由顺序存储改为链式存储（物理结构发生改变）等，都必须对应用程序进行相应修改。

1.1.3　数据库系统管理阶段

20 世纪 60 年代后期以来，计算机管理的数据对象规模越来越大，应用范围也越来越广泛，数据量急剧膨胀，对数据处理的速度和共享性提出了新的要求，对多种应用、多种语言共同覆盖地共享数据集合的要求越来越强烈。

这个时期外存有了大容量磁盘、光盘，硬件价格大幅度下降；然而，软件的价格不断上升，编制和维护软件及应用程序的成本相对增加，其中维护的成本更高。数据处理上，联机实时处理要求更高，并开始出现分布处理。以文件系统进行数据管理已不能适应数据管理的需要，为满足多用户、多应用共享数据的需求，使数据为尽可能多的应用服务，数据库系统管理技术应运而生。

1963 年，美国 Honeywell 公司的 IDS(integrated data store) 系统投入运行，揭开了数据库技术发展的序幕。1965 年，美国的一家火箭公司利用该系统帮助设计了阿波罗登月宇航器，推动了数据库技术的产生。l968 年，美国 IBM 公司研发了基于层次模型的数据库系统 IMS(information management system)。1969 年，美国数据系统语言研究会（ conference on data systems languages，CODASYL ）下属的数据库任务组（ data base task group，DBTG）提出基于网状数据模型的一个系统方案。1970 年，美国 IBM 公司的 E. F. Codd 发表论文，提出了关系模型。从此，数据库技术进入了蓬勃发展的时期。

1.2　数据库的基本概念

数据库管理的基本对象是数据。数据是信息的具体表现形式，可以采用任何能被人们认知的符号，可以是数字（如 76、2010），也可以是文本、图形、图像、视频等。由它们按照规律组成的一条记录也叫数据，如"遥控玩具汽车，¥38，200，3 ~ 5 岁"。对于这组数据中的每个数据，需要规定一个解释 [玩具名、价格、重量（g）、适合对象]，这样的数据才有意义，它表示这是一个遥控玩具汽车，价格是 38 元，重量是 200g，适合 3 ~ 5 岁儿童玩耍，描述的是一个玩具汽车的基本信息。如果换种解释（玩具名、价格、体积、适合对象），则其中 200 的意义就会完全不同。所以，数据不能离开语义，离开了语义，数据将毫无意义。

现实中人们要管理某些信息，在抽象、整理、加工后需要将其保存起来。目前最常用的方法就是将这些大量的数据按照一定的结构组织成数据库，保存在计算机的存储设备上，这样就可以长期保存以及方便使用。

1.2.1　数据库

数据库（database，DB）是存储在某种存储介质上的相关数据的有组织的集合。要特别注意这个定义中"相关"和"有组织"这些描述。也就是说，数据库不是简单地将一些数据堆集在一起，而是把一些相互间有一定关系的数据，按一定的结构组织起来形成数据集合。

例 1-2-1　建立玩具的基本信息，每个玩具都有如下信息：玩具 ID、玩具名称、价格、重量、品牌、适合最低年龄、适合最高年龄、照片。显然这 8 项数据是有密切联系的。通常用一张二维表格来实现，如表 1-2-1 所示。

表 1-2-1　玩具基本信息表

玩具 ID	玩具名称	价格 / 元	重量／ g	品牌	适合最低年龄／岁	适合最高年龄／岁	照片
000001	遥控汽车	38	300	好孩子	3	6	略
000002	芭比娃娃	168	180	芭比	2	9	略
000003	遥控机器人	158	2000	罗本	4	10	略

表 1-2-1 中的每一行都是一个完整的数据，其语义是由表头的列名来定义的，即列名给表中的数据以一定的解释。由这样的多张表（记录不同的信息）就可以构成一个数据库，

借助网络，人们就可以在任何一台联网的机器上找到自己感兴趣的玩具信息，从而选到自己满意的玩具，完成网购。

J. Martin 给数据库下了一个比较完整的定义：数据库是存储在一起的相关数据的集合，这些数据是结构化的，无害的或不必要的冗余，并为多种应用服务；数据的存储独立于使用它的程序；在数据库中插入新数据、修改和检查原有数据均能按一种公用的和可控制的方式进行。当某个系统中存在结构上完全分开的若干个数据库时，该系统包含一个数据库集合。

1.2.2 数据库管理系统

上述查看玩具信息的操作一般是由专门软件负责实现的，这就是数据库管理系统（database management system，DBMS）。数据库管理系统是一种管理数据库的大型软件，用于建立、使用和维护数据库。它对数据库进行统一的管理和控制，以保证数据库的安全性和完整性。用户通过 DBMS 访问数据库中的数据，数据库管理员也通过 DBMS 进行数据库的维护工作。其主要功能包括以下几个方面。

（1）数据定义功能。DBMS 提供数据定义语言（data definition language，DDL）来定义数据库结构，用于刻画数据库框架，并被保存在数据字典中，如创建数据库、创建表等。

（2）数据存取功能。DBMS 提供数据操纵语言（data manipulation language，DML），实现对数据库数据的基本存取操作，如插入、修改、删除和查询数据。

（3）数据库运行管理功能。DBMS 提供数据控制功能，即对数据库的安全性、完整性和并发性进行有效的控制和管理，确保数据有效。

（4）数据库的建立和维护功能。DBMS 的建立和维护功能包括数据库初始数据的导入，数据库的转储、恢复、重组织，系统性能监视、分析等功能。

（5）数据库的传输。DBMS 提供处理数据的传输功能，实现用户程序和 DBMS 之间的通信，通常与操作系统共同完成。

目前，业界使用的 Oracle、SQL Server、MySQL、DB2 等软件产品都是数据库管理系统，而不是数据库。通常说的 Oracle 或 SQL Server 数据库指的是用 Oracle 或 SQL Server 数据库管理系统所创建和管理的具体数据库，在一个数据库管理系统中，可以创建多个数据库。

1.2.3 数据库系统

数据库系统（database system，DBS）是由数据库及其管理软件组成的系统，是为适应数据处理的需要而发展起来的一种较为理想的数据处理的核心机构。它是一个实际可运行的存储、维护和为应用系统提供数据的软件系统，是存储介质、处理对象和管理系统的集合体。

上面讲述了数据库管理系统是系统软件，如 SQL Server、Oracle、DB2 等都是著名的数据库管理系统软件。但有了数据库管理系统软件并不意味着我们已经可以充分运用数据库管理系统管理数据带来的优点，我们还必须在系统软件基础之上进行一些必要的工作，以把数据库管理系统提供的功能发挥出来。首先，必须在这个系统中存放用户的数据，让数据库管理系统帮助我们把这些数据管理起来；其次，应该对这些数据进行操作并让这些数据发挥应有作用的应用程序；最后，我们还需要维护整个系统正常运行的管理人员，当数据库出现故障或问题时进行处理，以使数据库恢复正常，这个管理人员称为数据库管理员（database administrator，DBA）。

一个完整的数据库系统是基于数据库的一个计算机应用系统，数据库系统一般包括 5 个主要部分：数据库、数据库管理系统、应用程序、数据库管理员和用户。其中，数据库是数据的集合，它以一定的组织形式存在于存储介质上；数据库管理系统是管理数据库的系统软件，用于实现数据库系统的各种功能，是整个数据库系统的核心；应用程序以数据库以及数据库数据为基础；数据库管理员负责数据库的规划、设计、协调、维护和管理等工作；用户是使用数据库系统的一般人员。

数据库系统的运行不仅要有计算机的硬件和软件环境的支持，还要有使用数据库系统的用户。硬件环境是指保证数据库系统正常运行的最基本的内存、外存等硬件资源；软件环境是指一定的操作系统环境。没有合适的操作系统，数据库管理系统是无法正常运转的，如 SQL Server 就需要服务器端的操作系统的支持。数据库系统软硬件层次如图 1-2-1 所示。

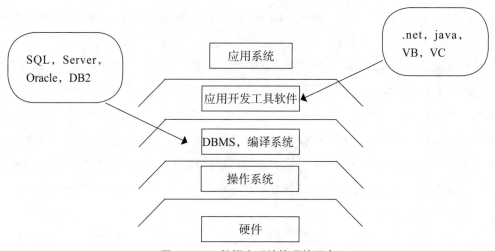

图 1-2-1　数据库系统软硬件层次

由上可以看出，数据库、数据库管理系统和数据库系统是 3 个不同的概念，数据库强调的是数据，数据库管理系统是系统软件，而数据库系统强调的是整个应用系统。

1.3　数据库系统体系结构

实际的数据库管理系统产品种类很多，它们支持不同的数据模型，使用不同的数据库语言，建立在不同的操作系统之上，数据的存储结构也各不相同，但它们在体系结构上通常具有相同的特征。

根据 IEEE STD 610.12 中体系结构的定义（The structure of components, their relationships, and the principles and guidelines governing their design and evolution over time. ），数据库系统的体系结构描述的是数据库系统的组成结构及其联系，以及系统结构的设计和变化的原则等。

1.3.1　数据库系统的三级模式结构

1978 年，美国 ANSI（American National Standards Institute ）的 DBMS 研究组发表了一个报告，提出了一个标准化的数据库系统模型，对数据库系统的总体结构、特征、各个组成部分以及相应的接口做了明确的规定，把数据库系统的结构从逻辑上分成外部级（external level ）、概念级（conceptual level ）和内部级（internal level ）三级结构（称作 ANSI ／ SPARC 体系结构）。

其实，早在 1971 年，由数据库先驱查尔斯·巴赫曼（Charles W. Bachman ）领导的 CODASYL（Conference on Data System Language，数据系统语言协会 ）组织的 DBTG 报告中就完整地给出了系统结构的 3 个层次，分别为视图层（概念层）、逻辑层和物理层。

具有 ANSI ／ SPARC 体系结构的 DBMS 为用户提供数据在不同层次上的抽象视图，这就是数据抽象，即不同的使用者从不同的角度去观察数据库系统中的数据所得到的结果。外部级最接近用户，是单个用户看到的数据视图。概念级涉及所有用户的数据，即全局的数据视图。内部级最接近物理存储设备，涉及数据的物理存储结构。对普通用户来说，并不需要了解数据库系统中用来表示数据的复杂的数据结构，DBMS 通过 3 个层次的抽象向用户屏蔽复杂性，隐藏关于数据存储和维护的某些细节，提高数据的物理独立性和逻辑独立性，减轻了用户使用系统的负担。

在 DBMS 中，通常采用三级模式结构来对应 3 个级别的数据抽象。有关数据库体系结构的相关术语以及对应关系如表 1–3–1 所示。

表 1–3–1　数据库体系结构的术语

ANSI / SPARC 体系结构的层次	DBTG 报告中 体系结构的层次	对应的抽象视图	用数据定义语言 描述后的模式
外部级	视图层	用户视图	外模式（子模式）
概念级	逻辑层	全局视图（概念视图）	概念模式（逻辑模式、模式）
内部级	物理层	存储视图	内模式（存储模式）

1. 模式（schema）的概念

在 DBMS 中，用数据模型来组织、描述和存储数据，将数据库描述和数据库本身（实际数据）加以区别。数据库描述称为数据库模式（database schema），描述的是数据库的结构，而不是数据库本身，它只是装配数据的一个框架。模式会在数据库设计阶段确定，而且一般不会频繁修改。

例如，学生选课数据库的模式图如图 1–3–1 所示，该图显示的只是模式的一些方面，如文件中记录类型的名字、数据项，没有显示每个数据项的数据类型以及文件之间的关系，更无法表示复杂的约束。

数据库中的实际数据可能会被频繁修改。例如对于图 1–3–1 所示的数据库，每增加一个学生或输入某学生的一个成绩时，该数据库就要修改一次。一个特定时刻数据库中的即时数据称为数据库状态（database state）或快照（snapshot），也可以称之为数据库的当前出现（occurrence）或实例集（instance）。图 1–3–1 为该数据库在 RDBMS（关系数据库管理系统）中实现存储后某一时刻的当前状态，即给出了一个实例。

当定义一个新数据库时，只是将其数据库模式指定给 DBMS。通过对数据库进行插入、更新等操作，不断改变数据库的状态。由 DBMS 来确保数据库的每个状态都是有效（合法）状态，即必须是满足模式或所指定结构、约束的状态。

简单地说，模式反映的是数据的结构及其关系，而实例反映的是数据库某一时刻的状态。模式是相对稳定的，实例是变动的。

	SNO	SN	SD	SB	SEX
1	s01	王玲	计算机	1990-06-30	女
2	S02	李渊	计算机	1990-03-23	男
3	s03	罗军	计算机	1991-08-12	男
4	s04	赵泽	计算机	1993-09-12	女
5	s05	许若	指挥自动化	1990-06-27	男
6	s06	王仙华	指挥自动化	1991-05-20	男
7	s07	朱祝	指挥自动化	1994-07-10	女
8	s08	王明	数学	1991-10-03	男
9	s09	王学之	物理	1992-01-01	男
10	s10	吴谦	指挥自动化	1991-03-25	女

	CNO	CN	PC	TEACHER
1	c01	高等数学	NULL	张毅扬
2	c02	数据结构	NULL	王春清
3	c03	操作系统	c02	王春清
4	c04	数据库	c03	吴宇森
5	c05	作战指挥	c04	吴爱珍
6	c06	离散数学	c01	赵欣宜
7	c07	信息安全	c06	武爱玲
8	c08	大学英语	NULL	张明敏
9	c09	商贸英语	c08	张明敏
10	c10	大学物理	NULL	王敏亮

	SNO	CNO	GRADE
1	s01	c01	80.0
2	s01	c02	98.0
3	s01	c03	85.0
4	s01	c04	78.0
5	s01	c07	89.0
6	S02	c02	80.0
7	s02	c11	80.0
8	s03	c01	90.0
9	s03	c02	80.0
10	s03	c04	85.0
11	s04	c01	80.0
12	s04	c02	NULL
13	s04	c06	90.0
14	s04	c11	87.0
15	s05	c03	79.5
16	s05	c05	88.0
17	s05	c07	90.0
18	s06	c03	88.0
19	s07	c11	90.0
20	s08	c01	90.0
21	s08	c02	95.0
22	s09	c10	90.0
23	s09	c12	NULL
24	s10	c05	77.0

图 1–3–1　学生选课数据库实例

2. 三级模式结构

1）概念模式（conceptual schema）

概念模式也称逻辑模式（简称模式），是数据库中所有数据的逻辑结构和特征的描述，是对概念级数据视图的描述。它是数据库系统模式结构的中间层，既不涉及数据的物理存储细节和硬件环境，也和具体的应用程序、所使用的应用开发工具及高级程序设计语言无关。

一个数据库只有一个概念模式。数据库概念模式以某一种数据模型为基础，综合考虑所有用户的需求，并将这些需求有机地结合成一个逻辑整体。定义概念模式时不仅要定义数据的逻辑结构，例如数据记录由哪些数据项构成，数据项的名字、类型、取值范围等，而且要定义数据之间的联系，以及与数据有关的安全性、完整性要求。

2）外模式（external schema）

外模式通常是概念模式的子集，和应用有关，也称为子模式（sub schema）或用户模式，是数据库用户（包括应用程序和最终用户）能够使用的局部数据的逻辑结构和特征的描述，是对外部级用户数据视图的描述。

对于模式中的同一数据，由于不同的用户在应用需求、看待数据的方式、存取数据的权限等方面存在差异，外模式也是不同的，所以外部级可包括多个外模式，来描述不同用户的数据视图。同一外模式可以为某一用户的多个应用程序所使用，但一个应用程序只能使用一个外模式。

每个外模式描述的是一个特定用户组所感兴趣的数据库，而对该用户组隐藏了数据库的其他部分，提供了保证数据库安全性的措施。

3）内模式（internal schema）

内部级有内模式，内模式也称存储模式（storage schema），一个数据库只有一个内模式。它是数据库的物理存储结构和存储方式的描述，是数据在数据库内部的表示方式。例如，数据的存储记录结构是采用定长结构还是变长结构；一个记录能否跨物理页存储；记录的存储方式是按照堆存储，还是按照某个（些）属性值的升（降）序存储，或是按照属性值聚集存储；索引按照什么方式组织，是 B+ 树索引，还是 hash 索引；数据是否压缩存储，是否加密；等等。

内模式独立于具体的存储设备，不考虑具体设备的柱面或磁盘大小，不涉及物理记录（即物理块或页）的形式，而是假定数据存储在一个无限大的线性地址空间中。例如，一个数据库文件可以在线性地址空间做如图 1–3–2 所示的存储。

数据库记录信息（32B）
字段说明（32B）
...
ODH　　　OOH
记录正文部分
...
...
...

图 1-3-2　数据库文件在线性地址空间的存储

存储文件由文件头和记录正文两部分组成。

（1）文件头部分包括数据库记录信息和各字段的说明。数据库记录信息由记录的创建时间、记录数字、文件头长度、记录长度等信息组成。ODH 和 OOH 两字节为文件头的尾。

（2）记录正文部分为该文件中所包含的所有记录。外模式和概念模式都是模型层面上的，用面向用户的概念来定义，如记录和字段；内模式是实现层面上的，用面向机器的概念来定义，如位和字节。所以，从某种程度来说，概念模式和内模式之间的关系可以看作设计和实现的关系，而概念模式和外模式之间的关系可以看作全局和局部的关系。

例如，下面对学生选课数据库中的学生信息在三级模式中进行了不同的描述。

在概念模式中，数据库包含 S（学生）记录的信息。每个 S（学生）都有 SNO（学号，10 个字符）、SN（姓名，20 个字符）、SEX（性别，2 个字符）、SB（出生日期，日期型数据）和 SD（所在系，20 个字符）。

在内模式中，学生可由长度为 848、名称为 STORED_S 的存储记录类型来表示。STORED_S 包含 12B 的前缀（存储记录长度、模式指针等控制信息）和对应于学生的 5 个属性的 5 个数据字段。此外，STORED_S 记录按学生号字段进行索引，索引名为 SNOX。

在外模式中，使用 PL / SQL 编程的用户对应一个数据库的外部视图。每个学生的信息由 3 个变量来表示，其中两个变量对应于概念模式中 S（学生）中的 SNO（学号）和 SN（姓名），根据 PL / SQL 的规则由变量声明来定义。该用户不需要学生的其他信息。使用 ODBC 编程的用户也对应一个外部视图，每个学生的信息由 4 个变量来表示，对应于概念模式中 S（学生）中的 SNO（学号）、SN（姓名）、SEX（性别）和 SB（出生日期），根据 C 语言的规则来进行变量定义。该用户不需要学生的 SD（所在系）信息。

综上所述，具有 ANSI / SPARC 体系结构的 DBMS 支持一个内模式、一个概念模式和多个外模式。概念模式独立于其他模式，设计数据库模式结构时应该首先确定数据库的概念模式，即全局的数据逻辑结构。内模式独立于外模式，也独立于具体的存储设备，但依赖于概念模式，它将概念模式中所定义的全局的数据逻辑结构按照一定的物理存储策略进行组织，目标是使对数据库的操作获得较好的时间和空间效率。外模式定义在概念模式之上，独立于内模式和存储设备，面向具体的应用程序，当应用需求发生较大变化，相应外模式不能满足其用户视图需求时，需要对外模式进行修改。

大多数 DBMS 并不是将三层模式完全分离出来，而只是在一定程度上支持三层模式体系结构，比如有些 DBMS 可能在概念模式中还包括一些物理层的细节。

4）模式定义语言

DBMS 提供数据定义语言（DDL）来定义各级模式，对模式中的数据库对象进行说明。描述概念模式的数据定义语言称为概念模式 DDL；描述子模式的数据定义语言称为子模式 DDL；描述内模式的数据定义语言称为内模式 DDL。

在当前的 DBMS 中，通常并不把各类模式定义语言独立开来，而是使用一种综合集成语言，其中包括概念模式定义语言（DDL）、子模式定义语言（视图定义语言，VDL）和数据操纵语言（DML）。但内模式（存储模式）定义通常与之分离，因为内模式定义物理存储结构，以调优数据库系统的性能，通常由数据库管理员来完成。典型的综合数据库语言就是 SQL 语言，它结合了概念模式定义语言、视图定义语言（View Definition Language，VDL）和数据操纵语言的功能，以及一些其他特性。内模式（存储模式）定义是 SQL 早期版本中的一个组件，但现在已从 SQL 中去除，使得 SQL 只考虑概念层和外部层。

利用模式定义语言对外模式、概念模式和内模式的定义都存储于 DBMS 的数据字典中。DBMS 通过数据字典管理和访问这 3 级数据模式。

1.3.2 二级映射与数据独立性

三级模式只是对数据在不同层次上的抽象视图的描述，而实际的数据都存储在物理数据库上。在一个基于一层模式体系结构的 DBMS 中，每个用户组只应用自己的外模式。因此，DBMS 必须将对外模式的请求转化为一个面向概念模式的请求，再转化为一个面向内模式的请求，以处理存储数据库。如果一个请求要检索数据库，那么从物理数据库中提取出来的数据必须进行转化，以便与用户外模式相互匹配。在各层间完成请求和结果转换的过程称为映射（mapping）。数据库管理系统在三级模式之间提供了二级映射。

1. 外模式／概念模式映射

外模式／概念模式映射存在于外部级和概念级之间，用于定义用户的外模式和概念模式的对应关系。

用户所见的局部数据库的逻辑数据结构与概念级的全局的逻辑数据结构可能不一致，例如字段可能有不同的数据类型，字段名和记录名可以改变，几个概念字段可能合成一个单一的外部字段等。因此，需要说明特定的外模式和概念模式之间的对应性。每一个外模式都对应一个外模式／概念模式映射，这些映射定义通常包含在各自外模式的描述中。

当概念模式改变时（如在关系数据库中增加新的关系、新的属性、改变属性的数据类型等），数据库管理员对各个外模式／概念模式映射做相应的改变（如修改用户数据视图的定义等），可以使外模式保持不变。由于应用程序是在外模式描述的数据结构上编制的，依赖于外模式，因此应用程序不必修改，保证了数据和程序的逻辑独立性（简称数据的逻辑独立性）。

2. 概念模式／内模式映射

概念模式／内模式映射存在于概念级和内部级之间，用于定义概念模式和内模式的对应关系。

由于数据全局逻辑结构和存储结构是不一样的，需要说明概念记录和字段在内部层次是如何表示的。由于数据库只有一个概念模式和一个内模式，概念模式／内模式映射是唯一的，该映射定义通常包含在概念模式的定义描述中。

如果数据库的内模式改变了（如对某些物理文件进行重组，以提高检索性能），可能会导致数据库的存储结构发生改变，那么只要对概念模式／内模式映射进行相应的改变，即可使概念模式尽可能保持不变，将内模式变化所带来的影响与概念模式隔离开来，当然对外模式和应用程序的影响更小，保证了数据与程序的物理独立性（简称数据的物理独立性）。

因此，数据独立性可以定义为在数据库系统中的某个层次修改模式而无须修改上一层模式的能力。数据的逻辑独立性就是指修改概念模式而无须修改外模式或应用程序的能力；数据的物理独立性就是指修改内模式而不用修改概念模式（相应地，也无须修改外模式）的能力。

应用程序依赖于外模式，独立于概念模式和内模式。数据库的三级模式和两级映射机制实现数据和程序之间的独立性，使得数据的描述可以从应用程序中分离出去。另外，由于数据的存取由 DBMS 管理，用户不必考虑存取路径等细节，从而简化了应用程序的编制，减少了应用程序的维护和修改，也使得数据库技术得以广泛的应用。

最后需要说明一点，并不是所有的数据库系统都具有这种三级结构，或者说这种特定的体系结构并非数据库系统唯一可能的框架结构。比如一些"小"系统难以支持体系结构的各个方面，因为在编译或执行一个查询或程序时，两层映射会带来一些开销，所以有些支持小型数据库的 DBMS 并不支持外部视图，但仍然需要概念级和内部级间的映射。尽管如此，ANSI/SPARC 体系结构基本上能很好地适应大多数系统。

1.3.3 DBMS 的模块组成

在遵循 ANSI/SPARC 体系结构的数据库系统中，用户对数据库进行的访问操作是由 DBMS 把数据操作从应用程序带到外部级，然后到概念级，导向内部级，进而通过操作系统（OS）操纵存储器中的数据，如图1-3-3所示。具体过程如下。

（1）DBMS接受应用程序发来的数据操作请求。

（2）DBMS对应用程序的操作请求（高级指令）进行分析，并进行合法性和有效性检查。若检查不通过，则拒绝该操作，操作请求转换成复杂的底层指令，进行下一步。

（3）DBMS向操作系统发出相应的请求，通过操作系统实现对数据库的操作。

（4）OS从对数据库的操作中获得查询结果返回DBMS。

（5）DBMS对查询结果进行处理（格式转换）。

（6）将处理结果返回给应用程序。

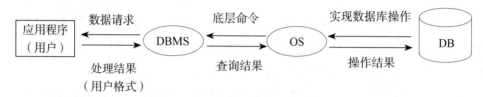

图 1-3-3　DBMS 的工作模式

DBMS为完成三级模式间的映射，需要包含如下一些组件。

1.DBMS 的查询处理器模块

DBMS的查询处理器模块包括DDL编译器、DML编译器、执行引擎等部分，负责接受各类用户提交给DBMS的操作并执行。

（1）DBA可作为数据库设计人员，直接使用DDL定义数据模式。DBA还可以使用DBMS提供的一些特权命令，如创建账户、设置系统参数、授予账户权限、修改模式以及重组数据库存储结构等。

DDL编译器处理用DDL指定的模式定义，并将模式描述（元数据）和模式间的映射信息以及约束等存储在数据字典中。

（2）终端用户和DBMS之间的界面是应用程序的运行界面，用户通过执行图形用户界面（GUI）提供的固化事务不断地查询和更新数据库。这些固化事务都是经过编程和测试的，满足查询和更新操作的功能需求。

（3）专业用户可使用数据库查询语言直接操作数据，实现满足其需求的查询。

（4）应用程序员和DBMS之间的界面是应用程序。预编译器从宿主程序设计语言编写的应用程序中抽取DML命令。这些命令被发送到DML编译器，进一步编译为用于数据库访问的对象代码。程序的其他部分则被发送到宿主语言编译器，其代码和对应DML命令的对象代码构成一个事务，对执行引擎（查询运行核心程序）进行调用。DML编译器用于解析、分析和编译（或解释）查询，创建数据库访问代码，生成对执行引擎的调用，以执行代码。执行引擎在运行时处理数据库访问，接受检索或更新操作，并在数据库中完成这些操作。其对磁盘的访问要在存储数据管理器的控制下完成。

2.DBMS 的存储数据管理器模块

DBMS 所涉及的数据库、数据字典、索引文件、日志文件等信息都存储在磁盘上。DBMS 的存储数据管理器负责控制对存储在磁盘上的这些 DBMS 信息的访问。存储数据管理器包括权限和完整性管理、事务管理等功能组件。

对磁盘的访问主要由 OS 来控制，OS 会调度磁盘块的输入和输出，完成磁盘和内存间的低级数据传输，同时还控制数据传输的其他方面。如果为应用程序在内存开辟一个 DB 的系统缓冲区，用于数据的传输和格式的转换，一旦这些数据置于缓冲区中，就可以被其他 DBMS 模块以及应用程序所处理。有些 DBMS 有其自己的缓冲区管理器，而不仅仅使用 OS 来处理磁盘块的缓冲。

1.3.4 DBMS 的客户 / 服务器（Client / Server）体系结构

DBMS 的全部目的是支持开发和执行数据库应用程序。从用户的角度来看，可以将 DBMS 看作由两个简单的部分组成：一个服务器（后端）和一组客户（前端）。

（1）服务器：指 DBMS 本身。

（2）客户：在 DBMS 上运行的各种应用程序，包括用户编写的应用程序和内置的应用程序（由 DBMS 厂商或第三方厂商提供）。此类 DBMS 的体系结构的发展与一般计算机体系结构的发展有着密切的关系，表现在如下 3 个方面。

1.集中式 DBMS 体系结构

早期的 DBMS 使用大型机来提供系统所有功能的处理，包括用户应用程序、用户界面程序以及 DBMS 的所有功能，大多数用户通过计算机终端来访问系统，而终端不具有处理能力，只能提供显示功能。随着硬件价格的下降，用户将终端换成了个人计算机（PC）或工作站。所有的 DBMS 功能、应用程序的执行以及用户界面处理都在一台机器上完成，此时的 DBMS 本身是一个集中式 DBMS。

此后，DBMS 逐渐开始运用客户端可用的处理能力，这样就形成了客户 / 服务器 DBMS 体系结构。

2.客户 / 服务器 DBMS 体系结构

开发客户 / 服务器体系结构是为了处理由大量设备通过网络连接起来而构成的计算环境，其中包括 PC、工作站、文件服务器、打印机、数据库服务器、Web 服务器以及其他设备。采用这种方式，具有特定功能的专用服务器提供的资源就可以被多个客户端所访问。客户端为用户提供适当的界面去利用这些服务器，同时客户端还提供本地处理能力来运行本地应用。

将该思想应用到专用软件——DBMS 上，即将 DBMS 本身和客户分置于不同的机器上，产生分布式处理。客户端应用程序负责商业应用逻辑和向用户提供数据，服务器对数据库中的数据进行操作和管理。客户端应用程序包含显示与用户交互的界面，而将对数据库中的数据进行的处理描述成 SQL 语句，并将 SQL 语句送至服务器端，服务器端的 DBMS 执行该 SQL 语句后产生查询结果，并将结果返回给客户端的应用程序，如图 1–3–4 所示。

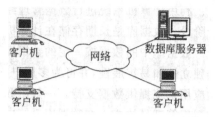

图 1–3–4　客户 / 服务器 DBMS 体系结构

在客户 / 服务器体系结构中，一个称为开放数据库互联（open database connectivity，ODBC）的标准提供了一个应用编程接口（application programming interface，API），只要客户端和服务器上安装了必要的软件，利用此 API，客户端程序就可以访问 DBMS。大多数 DBMS 开发商为系统提供了 ODBC 驱动程序。因此，一个客户端程序实际上可以连接到多个 DBMS，并使用 ODBC、API 来发送查询和事务请求，这些请求在服务器端进行处理，所有查询结果会返回给客户端程序，客户端程序再根据需要处理或显示此结果。

如果客户端可以同时访问多个服务器，即一个数据库请求将两个或更多的服务器上的数据结合起来，这些数据可分布在各种不同的数据库中，由不同的 DBMS 管理，运行在不同的机器上，受不同的操作系统支持，通过各种不同的通信网络连接起来，就产生了分布式数据库系统这一研究领域。

客户 / 服务器 DBMS 体系结构又称为两层体系结构（two-tier architecture），因为软件组件分布于两个系统：客户端和服务器。这种体系结构简单，并可以和现有系统无缝衔接。万维网的出现改变了客户和服务器的角色，引出三层体系结构。

3. 面向 Web 应用的三层客户 / 服务器体系结构

许多 Web 应用使用一种称为三层体系结构（three–tier architecture），这种体系结构在客户端和数据库服务器间增加了一个中间层（middle tier）。根据应用的不同，这个中间层分别被称为应用服务器（application server）或 Web 服务器（Web server）。

这种体系结构的优点是可以更安全地以加密形式将敏感数据由服务器传送给客户，再由客户端进行解密，提供了数据安全性。现有的多种数据压缩技术也有助于将大量数据通过有线和无线网络从服务器端传送给客户。

1.4 数据库技术的应用

1.4.1 航空售票系统

航空售票系统可能是最早使用数据库技术的应用实例。在这个系统中，管理着很多数据，这些数据按用途可以分为以下 3 类。

（1）座位预定信息：座位分配、座位确认、餐饮选择等。

（2）航班信息：航班号、飞机型号、机组号、起飞地、目的地、起飞时间、到达时间、飞行情况等。

（3）机票信息：票价、折扣、票余量等。

航空售票系统应该具有以下 4 个功能。

（1）查询：①在某一段时间内从某个指定城市到另一个指定城市的航班，是否还有可以选择的座位；②是否有其他飞机型号；③是否有其他售票点；④票价是否打折等信息。

（2）随时更新数据：对该系统的主要更新操作包括为乘客登记航班、分配座位和选择餐饮等。因为在任何时候都会有许多航空售票代理商访问这些数据。

（3）避免出现多个代理商同时卖出同一个座位的情况。

（4）可以自动统计出经常乘坐某一航班的乘客的信息，为这些常客提供特殊的优惠服务。

若要实现这些功能，其核心技术就是数据库技术。如果没有使用数据库技术，那么就会因为数据量庞大和更新缓慢，使航空部门无法提供及时、准确、有竞争力的服务。

1.4.2 银行业务系统

银行业务系统也是最早使用信息技术或数据库技术的系统之一。在银行业务系统中，管理的数据包括以下 3 类。

（1）顾客信息：姓名、身份证号码、地址、电话等信息。

（2）账户信息：账号、存款金额、余额、取款金额等信息。

（3）顾客和账户关系信息：身份证号码、账号等信息。

对银行业务系统的操作既可以借助各地的银行营业网点，也可以借助安装在各地的 ATM（automated teller machine，自动取款机）进行。该系统的主要查询操作包括询问顾客的账户、账户的余额以及更新账户的数据等。就像航空售票系统一样，银行业务系统允许对同一个账户进行并发，且不会出现任何错误，这是非常重要的。即使系统发生了故障，如 ATM 突然断电，正在处理的账户数据也不会出现任何不一致的记录。当前的数据库技术已经完全可以解决这种表面简单而实质复杂的问题。

使用了信息技术和数据库技术的银行业务系统给人们的生活和工作带来了巨大的便利。例如，人们可以在任何银行网点存款和取款，避免随身携带大量的货币，保证安全；可以快速地汇兑和结算，减少资金的在途时间，提高企业的信誉。

1.4.3　超市销售业务系统

现在，超市由于其商品种类繁多、价格较低、选物便利，已经成为人们日常生活物资采购的一个重要组成部分。数据库技术是超市取得成功的重要技术基础。在超市的销售业务系统中，主要管理的数据为以下 3 类。

（1）销售信息：连锁店、日期、时间、顾客、商品、数量、总价等。

（2）商品信息：商品名称、单价、进货数量、供应商、商品类型、摆放位置等。

（3）供应商信息：供应商名称、地点、商品、信誉等。

对超市销售业务系统的主要操作是记录顾客的购买信息，查询超市现有商品的结构，分析当天连锁店的销售情况，确定进货的内容和货物的摆放位置等。超市的经营决策主要是依赖营销业务系统中存储的大量数据，从这些表面似乎独立的大量数据中发掘出真正有效的销售规律，提高经营者的决策水平。

1.4.4　工厂的管理信息系统

工厂的管理信息系统（management information system，MIS）是最早依据数据库技术建立的比较完整的集成系统。在 MIS 中，主要包括下面一些数据。

（1）销售记录：产品、服务、客户、销售人员、时间等。

（2）雇员信息：姓名、地址、工资、奖金、所得税款等。

（3）财务信息：合同、应收货款、应付货款等。

在这种系统中，典型的查询操作包括打印雇员的工资、应收或应付货款清单、销售人员的业绩、工厂的各种统计报表等。每一次采购和销售，收到的每一份账单和收据，雇员的聘用、解聘、升职和加薪等都将导致对数据库的更新。

一个典型的 MIS 应该包括进货、销售、仓库、账目、人事和系统维护等功能。使用这个导航系统，可以执行各种业务操作。在 MIS 背后是存储了大量业务数据的数据库管理系统。

如果没有 MIS，许多企业就会陷入混乱的状态：货款迟迟没有到位却没有人及时发现，财务报表不能及时提供，领导不知道库存产品的数量，以及作业计划的安排不符合实际情况等。MIS 的核心技术也是数据库技术。

1.4.5 学校教学管理系统

学校教学管理系统主要涉及学生、教师、教室、课程、排课等信息的管理。该系统包括以下信息。

（1）学生信息：姓名、学号、性别、班级、年龄、宿舍、电话等。

（2）教师信息：姓名、工作证号、性别、年龄、学历、教研室、住址、电话等。

（3）教室信息：教室号、位置、座位、类型等。

（4）课程信息：课程名称、指定教材、学时、学分等。

（5）排课信息：课程名称、教室、班级、教师名称等。

除了上面的信息，还包括学生选课、考试成绩等信息。典型的查询操作包括提供教室安排、学生成绩统计清单、教师工作量统计等；典型的更改操作包括记录学生选课、登记考试成绩、自动排课等。这种系统的关键在于保证正确存储和处理大量的教务数据，为学校各部门的工作安排及时提供数据支持，减少不必要的错误现象发生。实现上述功能的学校教学管理系统的核心技术也是数据库技术。

1.4.6 图书馆管理系统

图书馆管理系统也是数据库技术应用的一个典型实例。在该系统中，主要的数据如下。

（1）图书信息：书号、书名、作者姓名、出版日期、类型、页数、价格、出版社名称等。

（2）读者信息：姓名、借书证号、性别、出生日期、学历、住址、电话等。

（3）借阅信息：借书证号、书名、借书日期、还书日期等。

图书馆管理系统中基础的查询操作包括查找某种类型的图书，浏览指定出版社出版的图书，检索指定作者的图书等。典型的更新操作包括登记新书信息、读者信息等。作为一个动辄存储几百万册图书的大学图书馆，如果没有管理图书的信息系统，那么借阅一本书的时间就可想而知了。这种管理大量图书信息的管理系统的技术基础也是数据库技术。

第 2 章　数据库模型

现实世界的事务是复杂的，既存在抽象的事务，也存在具体的事务。对于具体的事务，计算机不能直接识别，所以要想将现实中的事务相互联系转化成数据库系统中计算机能够处理的数据，就需要借助数据模型。数据库中的数据按特定的数据模型组织、描述和存储，具有数据冗余度小、数据独立性高、数据易扩展性高和共享性强等特点。熟练掌握数据库模型的操作已经成为现代的趋势。本章主要从现实世界客观对象的抽象过程、概念模型、数据模型和逻辑数据模型 4 个方面阐述数据库模型的具体内容。

2.1　现实世界客观对象的抽象过程

数据库中的数据来源于现实世界（real world）。现实世界是指存在于人们头脑外的客观世界，它是由事物及其联系组成的。每个事物都有自己的特征，事物通过特征相互区别，比如人有姓名、性别、身高、体重、出生日期、家庭住址等特征。不同的应用所关心的人的特征是不相同的，在身份证管理这个应用中最关心的是人的姓名、性别、出生日期、家庭住址等特征，而健康调查这个应用中最关心的是人的姓名、身高、体重等特征，因此选取事物的哪些特征完全是由应用的需要决定的。事物之间的联系也是多样的，比如教员之间可以既存在同一教研室的联系，也存在同一课题组的联系，对于教务部门来说，最关心的是教员之间同一教研室的联系，而对于科研部门来说，最关心的是教员之间同一项目组的联系，这充分证明了选取哪些联系也是由应用的需求决定的。要想让现实世界在计算机上的数据库中得以展现，最重要的就是将最有用的事物、特征及其相互间的联系提取出来，借助数据模型精确描述。

数据模型（data model）是对现实世界数据特征的抽象表现，是用来描述数据的一组概念。为了把现实世界中的具体事物抽象、组织为某一 DBMS 支持的数据存储结构，人们常常首先通过选择、分类、命名等把现实世界中的客观对象抽象为某一种信息结构，这种信息结构不依赖于具体的计算机系统，而是一种概念模型，这是对现实世界的第一层抽象。再由数据库设计人员将概念模型转化为某一 DBMS 支持的数据模型，这是对现实世界的第二层抽象。数据模型最终还要由 DBMS 转换为面向计算机系统的物理模型。这一过程如图 2–1–1 所示。

（1）概念模型（conceptual model）也称信息模型，是按用户的观点来对信息建模的。概念模型通过各种概念来描述现实世界的事物以及事物之间的联系。

（2）数据模型通常也称为逻辑模型，是事物以及事物之间联系的数据描述，是概念模型的数据化。数据模型按计算机的观点对数据建模，数据模型提供了表示和组织数据的方法。

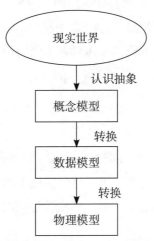

图 2-1-1　现实世界中客观对象的抽象过程

（3）物理模型（physical model）是对数据最底层的抽象。它描述数据在系统内部的表示方式和存取方法，如数据在磁盘上的存储方式和存取方法，是面向计算机系统的。物理模型的具体实现是 DBMS 的任务，一般用户不必考虑物理方面的细节。

2.2　概念模型

概念模型用于信息世界的建模，是现实世界到信息世界的第一层抽象，是数据库设计人员和用户间进行数据库设计的有力工具。概念模型描述了现实世界中具体事物、事物间复杂的联系，以及用户对数据对象的处理要求。概念模型要具有较强的语义表达能力，而且应该简单、清晰、灵活，易于理解。要建立概念模型，应学习信息世界中的一些基本概念。

2.2.1　信息世界中的基本概念

在信息世界的描述中，涉及的主要概念有以下几个。

1. 实体

客观存在并相互区别的事物称为实体（entity）。实体是具有公共性质的、可相互区别的现实世界对象的集合，可以是具体的，也可以是抽象的概念或联系。例如，一个学生、一个系、一门课程都是实体。

2. 实体集

具有相同特征的实体的集合称实体集（entity set）。例如，全体教师是一个实体集，全体学生也是一个实体集。

3. 属性

属性（attribute）是实体所具有的特征。例如，实体"学生"的属性可以由学号、姓名、性别、出生日期、专业、照片等组成，这些属性表示了学生的特征。再如，实体"系"的属性则为系名、系号、系主任。不同的实体具有不同的特征，也就具有不同的属性，从属性的集合可以区分出不同的实体，例如，（961105，林伟，男，79-02-03，计算机）这组数据表征了一个学生的属性的具体值。

4. 关键字

关键字（key）是唯一能标识实体的属性组。一个实体具有很多属性，在这些属性中会存在由一个或若干个属性构成的属性组，这个属性组的值能够区分一个实体集中的不同个体，例如，每一个学生的学号是唯一的，因此学号可以标识每一个学生，是学生实体的关键字。关键字也称键或码。

5. 域

属性的取值范围称为该属性的域（domain）。例如，当学号由 6 位整数组成时，学号的域就为 6 位整数；若规定姓名必须由字符串构成，则姓名的域为字符串；而性别的域为"男"或"女"。

6. 实体型

用实体名及其属性名描述同一类实体为实体型（entity type）。例如，描述学生实体的实体型为"学生（学号、姓名、性别、出生日期、专业、照片）"，而描述教师实体的实体型为"教师（教师号、姓名、专业、职称、性别、年龄、部门）"。

以上是信息世界中的基本概念，在了解这些概念的基础上，我们将学习如何建立概念模型。

2.2.2　实体间的联系

建立概念模型的关键是分析实体间的相互联系。现实世界中事物内部和事物之间都是有联系的，这些联系在信息世界中反映为实体内部和实体间的联系。实体内部的联系是指组成实体的各属性间的联系；实体间的联系是指不同实体集间的联系。下面重点讨论实体间的联系。两个实体间的联系分为 3 类。

1. 一对一联系

如果实体集 A 中的每一个实体在实体集 B 中只有一个实体与之联系，反之亦然，则实体集 A 与实体集 B 具有一对一联系，记作 1：1。假设有实体集"系"和实体集"系主任"（如图 2-2-1 所示），由于一个系只有一个系主任，而一个系主任也只能是某一个系的主任，如在实体集"系"中存在一个实体"自动化系"，则在实体集"系主任"中只有实体"胡敏"与之对应，实体集"系主任"中的其他实体与"自动化系"均不存在系与系主任的对应关系；反之，"胡敏"也只能与"自动化系"存在对应关系，这时称"系"与"系主任"之间具有一对一联系。

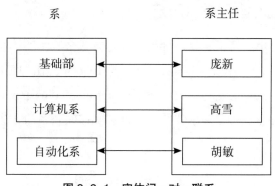

图 2-2-1　实体间一对一联系

2. 一对多联系

如果实体集 A 中的每一个实体在实体集 B 中都有 n 个实体与之联系，而实体集 B 中的每一个实体在实体集 A 中只有一个实体与之对应联系，则实体集 A 与实体集 B 具有一对多联系。例如，一个系有多个教师，而每个教师只属于某一个系，则实体集"系"与实体集"教师"之间具有一对多联系，如图 2-2-2 所示。

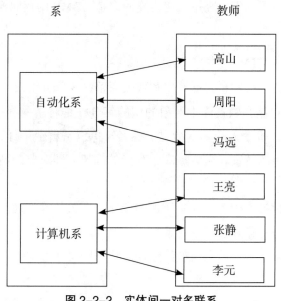

图 2-2-2　实体间一对多联系

3. 多对多联系

如果实体集 A 中的每一个实体在实体集 B 中都有 n 个实体与之联系，而实体集 B 中

23

的每一个实体在实体集 A 中都有 m 个实体与之联系，则实体集 A 与实体集 B 具有多对多联系，记作 $m:n$。例如，对于实体集"课程"和"学生"，如果规定一个学生可以同时选修多门课程，而每门课程可以同时有多个学生选修，则"学生"与"课程"之间具有多对多联系。

同一个实体集内的各实体之间也存在着一对一、一对多和多对多的联系。

2.2.3　概念模型的表示方法

概念模型应该以简单、清晰、易于理解的表达方式来表示实体间的联系。概念模型的表示方法很多，其中最著名的是 P．P．S．Chen 于 1976 年提出的实体—联系方法（entity–relationship approach），这种方法也称 E–R 模型（entity–relationship model）。该方法用 E–R 图表现概念模型。E–R 图提供了表示实体、属性和实体间联系的方法。

2.3　数据模型

虽然概念模型将现实世界中的具体事物进行了抽象表示，但它们还不能作为计算机直接处理的对象。数据库之所以能统一管理数据，是因为数据库中的数据是按照特定方式组织的。这种数据的组织方式也就是我们要讨论的数据模型，即结构数据模型。数据模型应满足 3 个要求：（1）能真实地模拟事物；（2）容易为人所理解；（3）便于在计算机上处理数据。数据模型的形式与数据库系统是密切相连的，是 DBMS 的存储模型。

2.3.1　数据模型的组成

数据模型通常由数据结构、数据操作和数据完整性 3 部分组成。

数据结构是研究存储在数据库中对象的型的集合，是对系统静态特性的描述。例如，人事管理的数据库中，每个人的基本情况（姓名、单位、出生年月、工资、工作年限等）说明了对象具有"人"的特征，是数据库中存储的框架，即对象的型。它是系统建立数据库逻辑结构的方式。

数据操作是指对数据库中各种对象实例的操作及有关的操作规则，是对系统动态特性的描述，如检索、插入、删除、修改对象实例的值等。

数据完整性用来限定符合数据模型的数据库状态以及状态的变化，保证数据的正确性、有效性和相容性。

这 3 个组成部分中，数据结构是描述数据模型的最根本要素，它决定着 DBMS 的功能、组成及管理数据的方式，也决定着数据模型的种类。不同种类的数据模型，这 3 部分的具体内容也不相同。

2.3.2 常用数据模型的种类

目前 DBMS 中常用的数据模型有层次模型、网状模型、关系模型和面向对象模型 4 种。

层次模型、网状模型是早期 DBMS 采用的数据模型，属非关系模型；关系模型是 1970 年由美国 IBM 公司首次提出的，自 20 世纪 80 年代以来推出的数据库管理系统几乎都支持这种关系模型，是目前应用最广泛的一种数据模型；面向对象模型是数据库技术与面向对象程序设计方法的产物，是一种新型的数据模型。

层次模型的特点是：

（1）有且仅有一个结点无双亲，该结点称为根结点。

（2）其他结点有且只有一个双亲。

（3）上一层和下一层记录类型间联系是 1 ：n。

例如，在一个学校中，每个系分为若干个专业，而每个专业只属于一个系。系与教师、专业与学生、专业与课程之间也是一对多联系。其数据模型如图 2-3-1 所示。

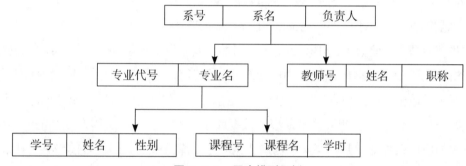

图 2-3-1　层次模型示例

网状模型的特点是：

（1）有一个以上的结点没有双亲。

（2）结点可以有多于一个的双亲。

网状模型消除了层次模型的限制，允许多个结点没有双亲结点，也允许结点有多个双亲结点，其模型示例如图 2-3-2 所示。

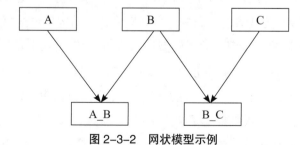

图 2-3-2　网状模型示例

面向对象数据模型至今没有统一的定义，虽然有很多论文对面向对象数据模型进行分析讨论，但目前仍然缺少统一的规范说明。但是有一点是统一的，即面向对象数据模型具有面向对象的根本特征——对象、类、类层次、封装和继承等，这里就不做详细介绍了。

关系模型是目前 DBMS 使用最多的一种组织数据的方式，是最重要的一种数据模型，其应用最为广泛，后文介绍的数据库理论均以关系模型为基础。

2.4　逻辑数据模型

逻辑数据模型从数据的组织方式的角度来描述信息，又称为组织层数据模型。目前，在数据库领域中常用的逻辑模型有下述几种。

· 层次模型（hierarchical model）；

· 网状模型（network model）；

· 关系模型（relational model）；

· 面向对象数据模型（object oriented data model）；

· 对象关系数据模型（object relational data model）；

· 半结构化数据模型（semi–structured data model）。

这些模型是按存储数据的逻辑结构来命名的，其中层次模型和网状模型统称为格式化模型。格式化模型的数据库系统在 20 世纪 70 年代至 80 年代初流行，并在数据库系统产品中占据主导地位。层次数据库系统和网状数据库系统在使用上都要涉及数据库物理层面上的复杂结构，现在已逐渐被关系模型的数据库系统取代。但在美国及欧洲的一些国家，早期开发的应用系统都是基于层次数据库或网状数据库系统的，因此目前仍有一些层次数据库系统或网状数据库系统在继续使用。

20 世纪 80 年代以来，面向对象的方法和技术在计算机各个领域，包括程序设计语言、软件工程、信息系统设计、计算机硬件设计等方面都产生了深远的影响，也促进了数据库中面向对象数据模型的发展。许多关系数据库厂商为了支持面向对象模型，对关系模型做了扩展，从而研发了对象关系数据模型。

随着 Internet 的迅速发展，Web 上各种半结构化、非结构化数据源已经成为重要的信息来源，产生了以 XML 为代表的半结构化数据模型和非结构化数据模型。

目前广泛使用的是关系模型。关系模型技术从 20 世纪七八十年代开始到现在已经发展得非常成熟，是最重要的一种数据模型。关系数据库采用关系模型作为数据的组织方式进行处理数据。20 世纪 80 年代以来，计算机厂商推出的数据库管理系统几乎都支持关系模型，非关系系统的产品也大都加上了关系接口。全球数据库市场占有份额最多的几个产品，如 Oracle、MS SQL Server、DB2 等都是关系型数据库产品。本书中许多例子都在 MS SQL Server 2014 数据库系统中调试通过。

第 3 章　数据库设计

本章对数据库设计过程进行了简单的归纳概括，详细讲解了需求分析的任务和方法。同时，根据结构设计侧重点的不同，分别对为什么进行概念结构设计，如何建立和优化逻辑结构设计和构建物理结构的根据进行了详细的讲解说明。在本章中也介绍了数据建模工具 ER/Studio 8.0 的使用。

3.1　设计过程综述

数据库设计是系统设计的重要组成部分。一个数据库应用系统的设计包括很多方面，如业务流重组、软件系统架构等。本书只关注数据库设计，适用于中小型数据库应用系统的开发。数据库设计过程一般可分为以下阶段。

3.1.1　需求分析

在需求分析阶段，需要准确地分析用户的需求，包括数据与处理，整合各个用户的应用需求，得到数据字典和数据流图等。此阶段是整个设计过程中最困难、耗时最长的一个阶段，其任务是和客户沟通，了解客户的业务流程，收集业务流程中产生的单据和报表，明确客户核心的功能需求，如有必要，可适当重组客户的业务流程。需求分析是一切数据库系统开发的第一步骤。一个系统最后能不能起效用，就要看系统设计人员对用户需求的把握程度。

需求分析要点如下，真正的理解有待实践。

（1）准备好问题，与客户一同参加座谈会，并做好记录。一般是和客户的主管领导、相关人员先开一个小会，获得大致信息，然后去一线参观，和一线人员沟通。

（2）认真听客户的讲解，适时提出问题，引导客户给出自己需要的资讯。

（3）常用的观察点如下。

①客户有多少台计算机，用的是什么操作系统和应用软件。

②客户有什么样的计算机维护人员。

③客户当前的资料是怎么组织管理的，有没有很好地整理、分类、存储等。

④客户有什么样的网络。

（4）常用的问题如下。

①针对观察点提出问题，如你们有多少台计算机？配置是什么样的？你们工作中觉得最麻烦的是什么？

②你们觉得当前的系统哪个方面不好？这件工作的整个过程是怎样的？

（5）请客户安排一个联系人，取得该联系人的联络方式以及该客户的主管领导的联络信息。

（6）给客户一个列表，要求客户提供当前工作中的报表、单据、业务流程、简要说明等资料。

（7）针对不同的客户需要使用不同的沟通方式。客户有很多类型，有时是写程序自己用，有时是为公司设计应用；客户规模也不相同。在实践中会感觉到其中沟通方式的不同。

（8）沟通并非一次就能完成，应和客户联系人保持联系，做到有效沟通，尽力得到相关的资料。

（9）尽力把握客户的最核心需求，不要大事小事一把抓，用人力能很好完成的事，就不要用计算机。

（10）业务流程不同，数据库的设计也不同。业务流重组是一件大事，已超出本书的讲述范围。简单的业务流重组是可以凭专业直觉的，如超市计算机，盘点、零售结账、销售额统计自然而然就和手工不一样了。

（11）最后总结出需求文档，包括简明的任务陈述、核心需求列表、与业务流相称的单据和报表等。

3.1.2 概念结构设计

概念结构设计阶段，需要对用户的需求进行收集汇总、归纳并抽象，也就是对现实世界中的信息实体进行收集、分类、聚集、概括等处理，构建起数据库概念结构，即最终形成一个独立于具体 DBMS 的概念模型，方便用户与设计人员之间很好地沟通。

3.1.3 逻辑结构设计

逻辑设计的任务是根据需求分析的结果和所收集的资料，找出相关的实体和属性，建立各表的结构和表间联系，保证数据的完整性等。逻辑设计实际上是分析现实世界，通过总结归纳，明确事件的参与主体及其之间的关系，然后用逻辑结构表达出来，为物理实现做好准备。

逻辑设计阶段需要完成对象的命名、主题的识别、字段的识别、完整性和约束的设置等任务。

（1）对象命名规则。一般而言，无论是数据库文件名、表名、字段名，还是其他对象的命名，都应遵循以下原则。

①明确直观，直接表达被命名对象的内容。

②字数不要太多，让人一眼看上去就明白其中的大致含义。

③最好不要用缩写，尤其是非通用的缩写。

④如果开发人员英文水平较高，可考虑使用英文命名，这样可加快输入的速度。

⑤使用汉语拼音是一个不错的选择，因为有的数据库系统不支持汉字。

⑥大型的开发一般会采用英文或拼音命名，然后配备完整的文档加以说明。中小型系统的命名大量采用直观的本地化文字，有益于系统的维护。

（2）主题识别方法。主题意味着一项业务、一个实体、一种列表等，一般对应一个表。例如，学生、课程、选修、教工、职称分类等都可以看作主题。识别主题可从以下方面着手。

①从感觉入手。一个图书馆借书系统，自然有读者、图书、图书管理人员等主题；一个进销存管理系统，自然有货品、仓库、供应商、客户等主题；一个卡拉OK点歌系统，自然有歌曲、厅房等主题；一个影碟出租管理系统，自然有影碟、客户、出租等主题。这些都是非常自然的事情，并不需要烦琐的分析。至于学生选课与成绩管理系统，则有学生、课程、教师、选修等主题。

②从单据和报表入手。单据和报表中常常隐含着大量的主题信息。单据通常是一种凭据，包含时间、地点、事件、数量、经手人等信息，是挖掘主题的重要资源。相对而言，报表所包含的主题信息较少。

③从需求描述入手。分析需求描述的文字，可以发现隐含的主题。

④从业务流描述入手。这和从单据入手是一样的，都是从文档中发掘主题。

⑤在沟通时留意。和客户沟通时多加留意对方，如能记录则更佳，然后像分析需求一样进行分析，从中找出主题。

⑥从分类着手。通常可以把表分为事务表、基础表、辅助表等类型。

事务表记录事务的发生，如凭证表、单据表等。例如，学生选课管理中，选课是一项事务，相应的表是事务表；进销存管理中，进货、出货、退货都是事务。事务的特征包括相关的人、物、数量、时间等属性。事务一般与动词或谓语对应。对于事务表的记录，需要经常进行增、删、改操作。

基础表存放相对稳定、与事务相关的数据，如客户、产品、学生、教师、课程等。基础表常和名词、主语、谓语对应。基础表常被事务表引用，一旦引用，就需要保证参照完整性，不能随意改动。

辅助表存放辅助性数据。例如，在学生选课管理中，每个教师都有职称，可把各种职称记录在一个表中，即为辅助表。辅助表比基础表更稳定，变化的概率更小，常用来记录社会化而不是个性化的信息。辅助表中的数据常被事务表和基础表引用。

⑦从主谓宾陈述模式入手。读者借阅图书、会员租影碟、学生选修课程都是主谓宾模式。这种陈述模式是常见的，一般总是意味着3个主题：一个事务和两种事务的参与者，所以至少要3个表。读者借阅图书需要读者表、借阅表、图书表；会员租影碟需要会员表、租还表、影碟表；学生选修课程需要学生表、选修表、课程表。

以上介绍了几种识别主题的技术，在实际工作中一般会组合使用。在实际工作中，应该先明确需求，然后把相关的主题写下来，再逐步求精，筛选掉不必要的，增补新发现的。

（3）字段识别方法。有了主题列表，也就对应着有了表。那么，每个表要包含哪些字段呢？识别字段，就是要求分析人员对主题观察入微，明确其中的细节，分清哪些是所需要的属性，哪些是不必考虑的属性，同时思考是不是需要根据主题的特点构建字段，思考每个字段的类型，最终确立每个主题的字段列表。

识别出字段后，还要根据现实情况，设计字段的类型和大小。对于未确定平台的应用系统，可用通用型数据类型（如 SQL 标准的数据类型），或列出字段的数据范围。对于已确定平台的应用系统，可直接使用平台的数据类型。在主题和字段的识别过程中，应满足客户的需求。当确定好主题及其字段后，应该逐一对照需求，检查当前的设计规划能否切实满足需求。

（4）完整性与约束的设置。在为表设置完整性与约束时，应遵循如下原则。

①使用恰当的数据类型，使数据在类型上得以约束。

②各表有恰当的主外键，把各个表联系起来。

③大部分外键约束需要实施参照完整性。

④大部分外键约束需要实施级联更新。

在字段上的约束是十分必要的，要分清责任：是操作人员来实施、程序实施，还是数据库实施？只有数据库负责的约束才在数据库中建立。例如，保证课程名称的唯一性，可以由数据库来负责；保证成绩输入正确，则应该由操作员来负责；成绩是不是允许负数，则应该由程序来负责。

需要注意的是，约束越少，性能越高，用户输入数据时效果越好。

逻辑设计阶段的输出文档包括表的说明及其结构描述、字段说明、约束说明、关系图等。

3.1.4　物理结构实现

根据逻辑结构设计阶段的结果，进行物理存储安排，在选定的数据库平台上创建库表、各约束条件、表间联系等，并输入一些测试数据，用 SQL 检查核心功能实现的可行性。

物理结构实现阶段的输出文档包括数据库物理文件、SQL 脚本文件。

3.1.5 优化重构

检查设计，逐一对照目前现实的需求和将来可能出现的需求，尽力找出其中的不足。进行可用性测试，按设计目标输入足够多的数据，然后模拟现实来测试。

早期对数据库结构进行修改相对较易，如果已经针对数据库进行了大量编码，再修改数据库结构，就可能会对整个软件系统产生影响，所以早改比晚改简单。

优化重构阶段的输出文档包括重构说明书和更新后的一些文档。

3.2 需求分析

需求分析简单地说就是分析用户的需求。需求分析是设计数据库的起点，其结果是否准确反映了用户的实际需求是否能得到满足，将直接影响后面各个阶段的设计，并影响设计结果是否合理。

3.2.1 需求分析的任务

需求分析的任务是通过仔细调查现实世界要处理的对象（组织、部门、企业等），充分了解原系统（手工系统或计算机系统）的工作概况，明确用户需求，确定新系统的功能。必须充分考虑新系统今后可能的改变，不能仅按当前应用需求来设计数据库。

调查的目的是了解用户单位的组织机构和业务活动情况，了解用户的业务活动对数据的需求以及收集原始数据。调查的重点是"数据"和"处理"，通过调查、收集与分析，获得用户对数据库的如下要求。

（1）信息要求：指用户需要从数据库中获得信息的内容与性质。由信息要求可以导出数据要求，即在数据库中需要存储和管理哪些数据。

（2）处理要求：指用户对数据的处理过程和处理方式，包括对处理的响应时间有什么要求，处理方式是批处理还是联机处理。由处理要求可导出系统的功能要求。

（3）安全性和完整性要求：需求分析做得是否充分和准确决定了在其上构建数据库的速度和质量，如果需求分析做得不好，可能会导致整个数据库设计返工重做。为保证需求分析的充分与准确，需要采用一定的方法。

3.2.2 需求分析的方法

进行需求分析首先要调查清楚用户的实际要求，与用户达成共识，然后分析和表达这些需求。

1. 调查用户需求的具体步骤

调查用户需求主要包括以下步骤。

（1）调查组织机构情况，包括了解该组织的部门组成情况、各部门的职责等，为分析信息流程做准备。

（2）调查各部门的业务活动情况，包括了解各个部门的输入和使用什么数据，如何加工处理这些数据，输出什么数据，输出到什么部门，这是调查的一个重点。

（3）协助用户明确对新系统的要求，包括信息要求、处理要求、安全性与完整性要求，这是调查的又一个重点。

（4）确定新系统的边界，即确定哪些功能由计算机完成，哪些功能由用户完成。

在调查时，可采用发放调查表、跟班作业、座谈等方式收集原始资料。

2. 用户需求分析和表达

调查用户需求后，还需要进一步分析和表达用户需求。在众多方法中，结构化分析（structured analysis，SA）方法是一种简单实用的方法，它采用自上向下、逐步分解的方式分析系统。SA 方法可将任何一个系统抽象成如图 3-2-1 所示的数据流图（data flow diagram，DFD）。数据流图用于描述数据流动、存储、处理的逻辑关系，也称为逻辑数据流图或数据流程图。

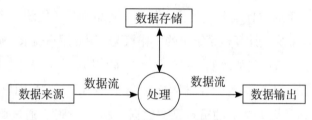

图 3-2-1　数据流图

数据流图采用 4 个基本符号，即外部实体（包括数据来源、数据输出）、数据处理、数据流和数据存储。

（1）外部实体包括数据来源和数据输出，是指系统以外与系统有联系的人或事物，表示系统数据的外部来源和去处，也可以是另外一个系统。

（2）数据处理指对数据的逻辑处理，也就是数据的变换。

（3）数据流指处理功能的输入或输出，由数据组成，表示数据的流向，可以是信件、票据，也可以是电话。

（4）数据存储表示数据保存的地方，即数据存储的逻辑描述。箭头指向数据存储可以理解为写入数据，箭头从数据存储引出可以理解为读取数据，双向箭头可以理解为修改数据。

例 3-2-1　某考务系统需要实现以下功能。

（1）对考生送来的报名单进行检查。

（2）对于合格的报名单，编好准考证号后将准考证发给考生，并将汇总后的考生名单送至阅卷中心。

（3）阅卷工作由阅卷站进行，该项功能不包括在考务系统软件中。考务系统需要对阅卷站送来的成绩单进行检查，并根据考试中心制定的合格标准（根据所有考生的考试成绩确定）审定合格者。

（4）制作考生通知单，交给考生。

（5）按地区进行成绩的分类统计和试题难度的分析，产生统计分析表。

根据考务系统的处理业务，画出顶层数据流以反映最主要的业务处理流程与外部实体的关系，如图 3–2–2 所示。

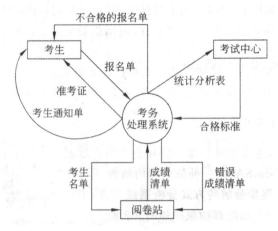

图 3-2-2　某考务系统的数据流图

经过进一步的需求分析，考务业务处理应当包括登记报名单和统计成绩两个主要处理阶段。为了描述清楚考务处理系统的功能，将该处理进一步分解形成 0 层数据流图。对 0 层数据流图中的登记报名单、统计成绩做进一步分解得到 1 层数据流图。

数据流图表达了数据和处理过程之间的关系。在 SA 方法中，处理过程的处理逻辑常常借助于判定表或判定树来描述。系统中的数据则借助数据字典（data dictionary，DD）来描述。

3.2.3　数据字典

数据字典最初用于 DBMS，为数据库用户、数据库管理员、系统分析员和程序员提供系统中各类数据的综合信息。这启发了系统开发人员，使他们想到将数据字典应用于系统分析。

数据字典是系统中各类数据描述的集合，是进行详细的数据收集和数据分析所获得的主要结果。数据字典有 5 类条目：数据项、数据结构、数据流、数据存储、处理过程。数据项是数据的最小组成单位，若干个数据项可以组成一个数据结构，数据字典通过对数据项和数据结构的定义来描述数据流、数据存储的逻辑内容。

1. 数据项

数据项的描述通常为：

数据项描述 ={ 数据项名，数据项含义说明，别名，数据类型，长度，取值范围，取值含义，与其他数据项的逻辑关系 }

其中，取值范围和与其他数据项的逻辑关系定义了数据完整性的约束条件。

例 3-2-2 考务系统中"准考证号"数据项的描述。

数据项名：准考证号

数据项含义说明：唯一标识每个考生

数据类型：字符型

长度：9

取值范围：000000000~999999999

取值含义：前 3 位标志该考生所在学校，后 6 位按顺序编号

2. 数据结构

数据结构描述数据之间的组合关系。一个数据结构可以由若干个数据项组成；由若干个数据结构组成；或由若干个数据项和数据结构混合组成。数据结构的描述为：

数据结构描述 ={ 数据结构名，含义说明，组成：{ 数据项或数据结构 }}

例 3-2-3 考务系统中"考生"数据结构的描述。

数据结构名：考生

含义说明：表现了一个考生的有关信息

组成：准考证号，姓名，考试科目，考试时间，考场

3. 数据流

数据流是数据结构在系统内传输的路径。数据流的描述为：

数据流描述 ={ 数据流名，说明，数据流来源，数据流去向，组成：{ 数据结构 }，平均流量，高峰期流量 }

例 3-2-4 考务系统中"合格报名单"数据流的描述。

数据流名：合格报名单

说明：考生报名单处理结果

数据流来源：检查报名单

数据流去向：编准考证号

组成：……

平均流量：……

高峰期流量：……

4. 数据存储

数据存储是数据结构保存的地方，也是数据流的来源和去向之一，以各类文档呈现。数据存储的描述为：

数据存储描述 ={ 数据存储名，说明，编号，流入的数据流，流出的数据流，组成：{ 数据结构 }，数据量，存取方式 }。

例 3–2–5　考务系统中"考生名册"数据存储的描述。

数据存储名：考生名册

说明：记录考生的基本情况

流入的数据流：……

流出的数据流：……

组成：……

数据量：每年 30000 张

存取方式：随机存取

5. 处理过程

处理过程的具体逻辑一般用判定树来处理表示。数据字典中只需描述处理过程的说明性信息。处理过程的描述为：

处理过程描述 ={ 处理过程名，说明，输入：{ 数据流 }，输出：{ 数据流 }，处理：{ 简要说明 }}

例 3–2–6　考务系统中"编准考证号"处理过程的描述。

处理过程名：编准考证号

说明：为所有考生编准考证号

输入：合格的报名单

输出：准考证

处理：根据考生合格的报名单编制准考证。按照报名单上的学校信息，生成准考证号的前 3 位，然后随机编号，得到该考生的准考证号。根据报名单记录考生信息，生成准考证

数据字典是在需求分析阶段建立的，在数据库设计过程中不断充实、完善。

3.3　概念结构设计

完成了需求分析工作，只是了解了未来系统中可能涉及的具体事物及对各种事物的使用要求，而要将现实世界的事物转换为机器世界（计算机）能处理的数字信息，需要经过

抽象化和数字化。首先从现实世界的事物抽象到信息世界的概念模型，再将信息世界的概念模型经过数字化，转化为机器世界的数学模型。

概念结构设计主要实现由现实世界到信息世界的抽象，建立起概念模型。通常概念模型是以 E–R 图的方式表示出来的。教学管理系统的 E–R 图如图 3–3–1 所示。

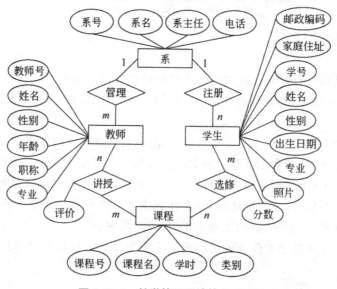

图 3-3-1　教学管理系统的 E–R 图

3.4　逻辑结构设计

概念模型独立于数据库的逻辑结构，也独立于具体的 DBMS。为了建立用户所需的数据库，必须将概念模型转换为某种 DBMS 支持的数据类型，即把概念结构设计阶段设计好的 E–R 模型转化为与选用的 DBMS 产品所支持的数据模型相符合的逻辑结构。

从理论上讲，设计数据库逻辑结构的步骤应该是：首先选择最适合相应概念结构的数据模型，并按转换规则将概念模型转换为选定的数据模型；然后从支持这种数据模型的 DBMS 中选出最佳的 DBMS；最后根据选定的 DBMS 的特点和限制对数据模型做适当修正。

但实际上，经常是先选定了计算机类型和 DBMS，而设计人员并无选择 DBMS 的机会，所以在概念模型向数据模型转换时就要考虑到适合选定的 DBMS 的问题。

设计数据库逻辑结构一般要分如下 3 步进行。

（1）将概念模型（如 E–R 图）转化为一般的数据模型。

（2）将一般的数据模型向特定的 DBMS 支持的数据模型转化。

（3）对数据模型进行优化处理。

目前的数据库应用系统大多采用支持关系模型的 DBMS，所以这里只介绍 E-R 图向关系数据模型转换的原则和方法。

3.4.1 E-R 图向关系模型的转换

关系模型的逻辑结构是一组关系模式，而 E-R 图则由实体、属性以及实体之间的联系 3 个要素组成，将 E-R 图转换为关系模型实际上就是要将实体、属性以及联系转换为相应的关系模式。

将 E-R 图转换成关系模型主要解决如下两个问题。

（1）如何将实体和实体间的联系转换为关系模式。

（2）如何确定这些关系模式的属性和码。

为解决这两个问题，E-R 模型向关系模型的转化应遵循如下规则。

1. 实体的转换规则

一个实体转换为一个关系模式。实体的属性就是关系的属性，实体的码就是关系的码。

例 3-4-1 将"学生"实体转换为一个学生关系模式。

学生（学号，姓名，性别，出生时间，所在系）

2. 实体间联系的转换规则

两个实体间联系的类型有 1：1、1：n 和 m：n，每种类型有相应的转换规则。

1）1：1 联系的转换方法

对于 1：1 联系，既可设立单独对应一个关系模式，也可以不设立单独对应一个关系模式，如图 3-4-1 所示。

（1）将联系转化为一个独立的关系模式，关系模式的属性由参与联系的各实体的码以及该联系本身的属性构成，且每个实体的码均可为该关系模式的码。

（2）如果联系不单独对应一个关系模式，可将联系合并到与该联系相关的实体所对应的关系模式中。在被合并的关系模式中增加联系本身的属性以及与联系相关的另一端实体的码，新增属性后原关系模式的码不变。

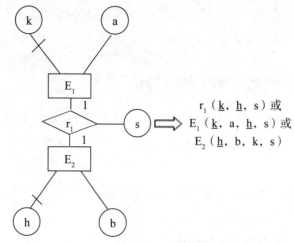

$$r_1(\underline{k}, \underline{h}, s) \text{ 或}$$
$$E_1(\underline{k}, a, \underline{h}, s) \text{ 或}$$
$$E_2(\underline{h}, b, k, s)$$

图 3-4-1 1:1 联系的 E-R 模型转换为关系模式

例 3-4-2 将图 3-4-2 中含有 1:1 联系的 E-R 图转化为关系模型。

该例有 3 种方案可供选择。

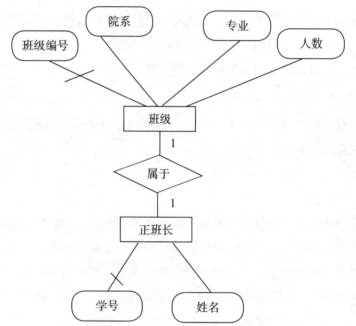

图 3-4-2 1:1 联系转换为关系模式的实例

方案 1：将联系转化成独立的关系模式，转换后的关系模式如下。

班级（班级编号，院系，专业，人数，学号）

正班长（学号，姓名，班级编号）

属于（班级编号，学号）

方案 2：将联系合并到实体"正班长"对应的关系模式中，转换后的关系模式如下。

班级（班级编号，院系，专业，人数）

正班长（学号，姓名，班级编号）

方案 3：将联系合并到实体"班级"对应的关系模式中，转换后的关系模式如下。

班级（班级编号，院系，专业，人数，学号）

正班长（学号，姓名）

2）1：n 联系的转换方法

对于 1：n 的联系，既可单独对应一个关系模式，也可以不单独对应这一关系模式，如图 3-4-3 所示。

（1）将联系转换为一个独立的关系模式。关系模式的属性由参与联系的各实体的码以及该联系本身的属性构成，关系模式的码为 n 端实体的码。

（2）如果联系不单独对应这一关系模式，可将联系合并到一端实体所对应的关系模式中。在一端实体对应的关系模式中增加联系本身的属性以及与联系相关的另一端实体的码，新增属性后，原关系模式的码不变。

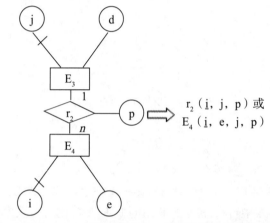

$$r_2 (\underline{i}, j, p) \text{ 或}$$
$$E_4 (\underline{i}, e, j, p)$$

图 3-4-3　1:n 联系的 E-R 模型转换为关系模式

例 3-4-3　将图 3-4-4 中含有 1:n 联系的 E-R 图转化为关系模式。

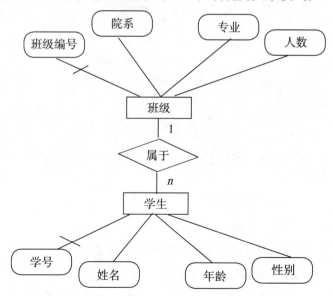

图 3-4-4　两元 1:1 联系转换为关系模式的实例

该转换有两种方案供选择。

方案1：联系转化为单独的关系模式，转换后的关系模式如下。

班级（班级编号，院系，专业，人数）

学生（学号，姓名，年龄，性别）

属于（学号，班级编号）

方案2：联系合并到一端实体对应的关系模式中，转换后的关系模式如下。

班级（班级编号，院系，专业，人数）

学生（学号，姓名，年龄，性别，班级编号）

3）m：n联系的转换方法

对于m：n联系，只能转换为一个独立的关系模式。关系模式的属性由参与联系的各实体的码以及联系本身的属性构成，关系模式的码由各实体的码属性共同组成，如图3-4-5所示。

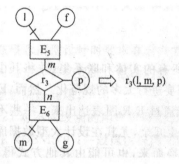

图3-4-5 m：n联系的E-R模型转换为关系模式

例3-4-4 将图3-4-6中含有m：n联系的E-R图转化为关系模式。

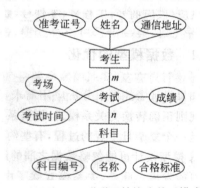

图3-4-6 两元m：n联联系转换为关系模式的实例

转换后的关系模式为：

考生（准考证号，姓名，通信地址）

科目（科目编号，名称，合格标准）

考试（准考证号，科目编号，考场，考试时间，成绩）

4）3个或3个以上实体间联系的转换方法

对于3个或3个以上实体间联系转化为关系模式，可根据不同情况采用不同的方法处理。

（1）一对多的多元联系的转换方法：将与联系相关的其他实体的码以及联系本身的属性作为新属性加入一端实体所对应的关系模式中。

（2）多对多的多元联系的转换方法：转换为一个单独的关系模式，该关系模式的属性为多元联系相连的各实体的码及联系自身的属性，而关系的码为各实体的码的组合。

例 3-4-5　将图 3-4-7 所示的 3 个实体之间的多对多的联系转化为关系模式。

转换后的关系模式为：

供应商（供应商号，供应商名，所在城市，状态）

零件（零件号，零件名，颜色，重量）

工程（工程号，工程名，所在城市）

供应（供应商号，工程号，零件号，数量）

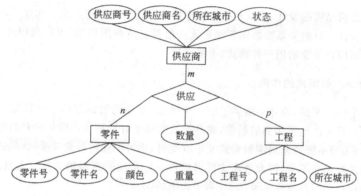

图 3-4-7　3 个实体之间的联系

3.4.2　数据模型的优化

如果设计者能深入分析应用需求，设计出所有的实体和联系集，并将其由 E-R 图正确转换为关系模式，则关系模式通常不需要进行太多的规范。然而，E-R 图设计是一个复杂且主观的过程，有些约束关系并不能通过 E-R 图表达出来。一些 E-R 模型设计可能会忽略数据之间的约束关系而产生冗余，尤其是在设计大型数据库模式时更可能发生这种情况。此外，关系模式除了由 E-R 模型转换而来，也可能由其他方式得到。因此，数据库逻辑设计的结果并不是唯一的。为了进一步提高数据库应用系统的性能，有必要根据应用需求进行适当修改，调整数据模型的结构，这就是数据模型的优化。关系数据模型的优化通常以规范化理论为指导，对转换得到的关系模式进行调整，其中主要的工作有：

（1）确定数据依赖。根据需求分析的结果，确定关系模式内部各属性以及不同关系模式的属性之间存在的数据依赖关系。

（2）确定关系模式的候选键和所属范式。按照数据依赖关系判定关系模式的候选键，检测是否存在部分依赖或传递依赖，从而确定该模式属于第几范式。

（3）模式分解。根据范式要求（规范化为 3NF 还是 BCNF），运用规范化的方法将关系模式分解成所要求的关系模式。规范化过程将消除冗杂的联系，从而提高数据操作的效率和存储空间的利用率。

（4）模式合并。分析现有模式是否满足应用需求，决定是否对某些模式进行合并。例如，当查询经常涉及多个关系模式的属性时，系统将经常进行连接操作，为减少因连接所产生的花费，可考虑将这几个关系合并为一个关系。

3.4.3　用户外模式的设计

数据库逻辑结构的设计不仅包括数据库应用系统的全局逻辑模式的设计，还包括用户外模式的设计。目前关系数据库管理系统一般都支持视图机制，可以利用这一功能设计更符合局部用户需要的用户外模式（子模式）。

1. 设计用户外模式的作用

对于某个用户来说，他并不需要了解一个庞大、复杂的数据库里的全部数据。通过外模式，用户可以只关注他用到的数据，即外模式能够更好地适应不同用户对数据的需求。有了外模式后，当系统的全局逻辑模式发生改变时，仍可以通过改变外模式／模式映像，使用户所看到的外模式不变，因此外模式可以提供一定程度的逻辑独立性。而且通过外模式可限定各用户访问数据库的范围，有利于数据的保密。

2. 设计用户外模式时所采取的一般方法

（1）可对外模式中的关系和属性名重新命名，使其与用户习惯一致，以方便用户使用。在设计概念模型时，要求在合并各分 E–R 图时消除命名的冲突，这在设计数据库整体结构时是非常必要的。但命名统一后会使某些用户感到使用不便，用定义外模式的方法可有效地解决该问题。

（2）对不同级别的用户可以定义不同的外模式。在 RDBMS 中，一般提供视图功能来虚拟定义用户所希望看到的表。一部分与用户相关的基表，再加上按需定义的视图，就构成了一个用户的外模式。由于视图能够对表的行和列的操作进行限制，为用户指定了访问数据的范围，有利于数据的保密。

（3）利用外模式，简化对数据的操作。在实际使用中，经常要进行某些复杂的查询，包括多表连接、限制、分组、统计等。为了方便用户，可以将这些复杂查询定义为对视图的操作，用户只需对定义好的视图进行查询，避免了每次查询都要进行重复描述，大大简化了用户的使用。

3.5　物理结构设计

物理结构设计是根据使用的计算机软硬件环境和数据库管理系统，确定数据库表的结构，并进行优化，为数据模型选择合理的存储结构和存取方法，决定存取路径和分配存取空间等。

数据库系统一般会提供多种存取方法，只有选择相应的存取方法，才能满足多用户的多种应用要求，实现数据共享。最常用的存取方法是索引法。索引类似于图书的目录，在数据库中使用索引可以快速地找到所需信息。建立索引的基本原则如下。

（1）如果一个属性（或一组属性）经常在查询条件或在连接操作的连接条件中出现，则考虑在这个属性（或这组属性）上建立索引（或组合索引）。

（2）如果一个属性经常作为最大值或最小值等聚合函数的参数，则考虑在这个属性上建立索引。

建立索引的方法与所使用的具体 DBMS 有关，后面的章节将详细论述索引的分类及建立方法。

选择记录的存取格式时应考虑如何节省存取空间。例如，使用 0、1 分别代表性别的男、女，这个文字段就可以节省一半的空间。

除了采用必要的存取方法，还应确定数据的存放位置，这就需要综合考虑存取时间、存储空间利用率和维护代价 3 个方面的因素。这 3 个方面经常是相互矛盾的，因此需要进行权衡，从而选择一个折中的方案。

设计出物理结构后要进行评价。如果满足设计要求，就可以进入数据库实施阶段，否则就要修改，甚至重新设计物理结构。

3.6　数据建模工具 ER/Studio

ER/Studio 是由美国一家公司开发的一种有助于设计数据库中各种数据结构和逻辑关系的可视化工具，并可用于特定平台的物理数据库的设计。其强大和多层次的数据库设计功能不仅大大简化了数据库设计的烦琐工作，提高了工作效率，缩短了项目开发时间，还能让初学者更好地了解数据库理论知识和数据库的设计。通过 ER/Studio，不仅可以设计数据库 E–R 图，还可以将 E–R 图转换为关系模型，最后可以自动生成创建数据表的 SQL 命令，通过执行自动生成的 SQL 命令，可以创建设计的数据表，这大大减少了工作量。

3.6.1 ER/Studio 8.0 的安装

可以在网络上下载 ER/Studio 8.0 企业版软件，下载之后对其解压并单击 ers801_5940.exe 文件进行安装。另外一个 .exe 文件（errepository50l_021209.exe）是一个版本管理的服务器，主要功能是使企业中多个数据库设计者来共享企业数据库模型，协同完成数据库的设计，在这里不必安装这个文件。

单击安装文件后，安装程序便开始运行。单击"Next"按钮，进入下一步。按照默认设置安装，直到安装完成。

3.6.2 使用 ER/Studio 8.0 建立数据库逻辑模型

在 ER/Studio 中建立数据库逻辑模型的过程就是设计 E–R 图的过程，具体步骤如下。

第一步：打开 ER/Studio 程序。选择"File"→"New..."命令，弹出对话框，默认选中第一项创建一个数据库模型，数据库模型分为"Relational"（关系）和"Dimensional"（多维）两种，在这里主要以关系型数据库为主来介绍模型的创建过程；第二项是从一个已存在的数据库反转设计数据库模型；第三项是导入其他建模工具。

第二步：单击"OK"按钮，会出现 ER/Studio 的主界面，主界面由上到下分别由菜单栏、工具栏、工作视图区和状态栏组成。工作视图区左面为模型视图区，右面为模型设计工作区，在"Overview"中能够纵览整个模型设计工作区的情况和快速定位到所需要到的区位。

在 ER/Studio 中建立 E–R 模型，首先创建实体（entity），方法是在模型工作区右击选择"Insert Entity"命令，或单击工具栏上的 █ 按钮，还可以选择→"New Entity..."命令来创建实体。

第三步：创建相应的实体后，就会在模型工作区显示实体，双击实体进入实体编辑对话框。

在此对话框中输入实体的实体名和属性名等相关信息。在"Entity Name"里输入实体名，在"Table Name"里输入表名，在下方的"Attribute Name"里输入属性字段名，在"Default Column Name"里输入列名，在"Datatype"中选取属性字段的数据类型，单击"Add"按钮。然后依次添加其他实体属性，选择要成为主键的属性字段，选中"Add to Primary Key"来将该属性字段设置为主键，最后单击"OK"按钮。一般实体名和属性名使用中文，表名和列名使用英文。这里创建"玩具"和"商标"实体。

第四步：在实体创建完成后，会在左面的模型视图区中看到所创建的实体，接下来创建各个实体之间的逻辑关系。在 ER/Studio 的工具栏中有对应关系的按钮。

① ⬏：表示一对多标识关系（identifying relationship）。父实体中的主键在子实体中做外键，并且是子实体的主键中的一个属性。

在工具栏中单击 🔩 ，然后单击父实体，再单击子实体，这样将建立两个实体的一对多标识关系，右击空白区域完成添加关系操作。

图 3–6–1 中 "商标" 与 "玩具" 实体是一对多的关系。"商标" 实体的主键被放入 "玩具" 实体中，并且作为 "玩具" 实体的主键的一部分。

注意："玩具" 实体中的 "商标编号" 是通过关系线条自动产生的，不需要在 "玩具" 实体中添加 "商标编号" 属性，否则会产生冲突。

此关系应用于 "商标" 和 "玩具" 实体的关系中并不合适。在 "玩具" 实体中，主键应该是 "玩具编号"，不应该把 "商标编号" 加入主键中。

② 🔩：表示一对多非标识强制关系（non–identifying relationship，mandatory relationship）。父实体中的主键在子实体中做外键，不作为子实体的主键的属性，但要求外键值不能取空值，如图 3–6–1 所示。

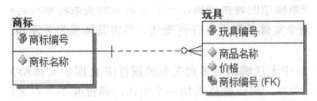

图 3-6-1 一对多非标识强制关系

图 3–6–1 中 "商标" 实体中的 "商标编号" 属性被放入 "玩具" 实体，但没有作为 "玩具" 实体的主键的一部分。在转换为关系模型后，玩具表的 "商标编号" 字段不能取空值。

③ 🔩：表示一对多非标识可选关系（non–identifying relationship，optional relationship）。父实体中的主键在子实体中做外键，不作为子实体的主键的属性，外键值可以取空值，如图 3–6–2 所示。

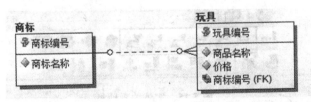

图 3-6-2 一对多非标识可选关系

图 3–6–2 中 "商标" 实体中的 "商标编号" 属性被放入 "玩具" 实体，没有作为 "玩具" 实体的主键的一部分。在转换为关系模型后，玩具表的 "商标编号" 字段可以取空值。

④ 🔩：表示一对一关系（one–to–one relationship），如图 3–6–3 所示。

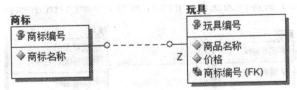

图 3-6-3 一对一关系

可以将一对一关系看作一对多关系的特例。图 3–6–3 中 "玩具编号" 与 "商标编号"

是一对一的关系，即"商标"与"玩具"是一对一的关系。ER/Studio 对一对一关系的支持不是很好，不建议使用。如果需要建立一个一对一关系，可以使用一个一对多关系，然后在外键上建立一个唯一约束或唯一索引。

⑤ 🔧：表示多对多关系（non–specific relationship），如图 3–6–4 所示。

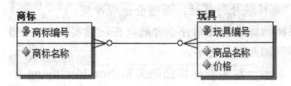

图 3-6-4　多对多关系

根据 E–R 图向关系模型的转换规则，一个多对多关系将单独转换为一个表。因此，在图 3–6–4 中看不到两个实体的属性有任何变化。当将其转换为关系模型后，将自动产生一个新表。

由于在 ER/Studio 中无法编辑多对多关系的属性（E–R 图中实体和关系都可以有属性），因此通常不使用这个关系，可以额外添加一个实体，通过两个一对多标识关系来实现多对多关系。

至此，通过 ER/Studio 建立了数据库的逻辑模型。

例3–6–1　根据图 3–6–5 所示的学生选课 E–R 图，在 ER/Studio 中创建数据库逻辑模型。

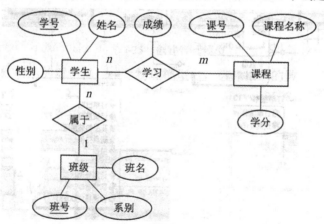

图 3-6-5　学生选课 E–R 图

在 ER/Studio 中创建的数据库逻辑模型如图 3–6–6 所示。

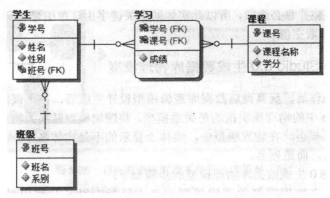

图 3-6-6 使用 ER/Studio 创建的学生选课数据库逻辑模型

图 3-6-6 中"学生"与"课程"的多对多关系使用了一个中间实体，这符合 E-R 模型向关系模型转换的规则，即一个多对多关系可以单独转换为一个表。图中"学生"实体中的"班号"是对"学生"和"班级"的关系的转换，因此，ER/Studio 创建的数据库逻辑模型更加接近关系模型。

3.6.3 使用 ER/Studio 8.0 生成数据库物理模型

通过 3.6.2 节中的操作，玩具商店数据库逻辑模型设计完成，在无误的情况下生成物理模型。ER/Studio 中的物理模型指的是关系模型，将逻辑模型转换为物理模型，其实就是将 E-R 图转换为关系模型。在物理模型中，实体上显示的不是实体名称，而是表名，实体中显示的不是属性名，而是列名。

用 ER/Studi0 8.0 生成数据库物理模型的步骤如下。

（1）选择要建立物理模型的逻辑模型，右击，从弹出的快捷菜单中选择"Generate Physical Model"命令，如图 3-6-7 所示。

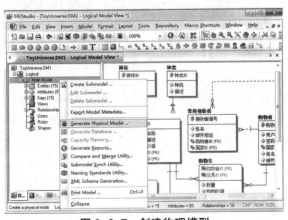

图 3-6-7 创建物理模型

弹出如图 3-6-7 所示的对话框，填写物理模型名，选择相应的数据库管理系统平台。这里选"SQL Server 2008"（ER/Studio 8.0 最高支持 SQL Server 2008，SQL Server 2014 兼容 2008 版），然后单击"Next"按钮。

（2）单击"Select All"将所有逻辑实体均选中来创建物理模型；单击"Next"按钮，按照系统默认依次单击"Next"按钮，直到出现图3-6-7所示的对话框；单击"Finish"按钮完成数据库物理模型的创建。

物理模型生成之后，将在模型视图区出现"Physical"树形区域。与逻辑模型大体相同，只是有些较为细致的变化。比如"Entities"变为"Tables"，"Attributes"变为"Columns"，"Keys"变为"Indexes"等。

物理模型与逻辑模型的结构基本相同。除非使用了多对多关系，多对多关系会自动产生一个新表。逻辑模型中显示的是实体名和属性名，物理模型中显示的是表名和列名。

在物理模型创建后，还可以通过双击table修改物理模型中table的字段属性，如类型、长度等。

在数据库物理模型生成后，根据数据库业务实际需求可以创建存储过程（procedures）。在物理模型中选中"Procedures"，然后右击，选择"New Procedure..."；在弹出的对话框的"Name"中填写存储过程名，在"Owner"中选择"dbo"；在"SQL"中使用T-SQL创建存储过程语句"create proc procname as..."来完成存储过程的创建，用"Validate"来检验语法错误，无错误单击"OK"按钮。

注意：数据库物理模型是与数据库类型密切相关的。不同的数据库SQL命令不完全相同。例如，Oracle和SQL Server创建存储过程的语法就不相同。因此，使用ER/Studio主要设计E-R图，而存储过程、视图等对象的建立一般通过DBMS提供的相关工具完成。

3.6.4　使用 ER/Studio 8.0 生成数据表

在数据库物理模型生成后，可通过ER/Studio在数据库中创建物理模型中的数据表。这是ER/Studio的一个非常重要的功能，大大减少了用户创建表的工作量。

针对例3-6-2所述的网上玩具商店的物理模型生成数据库，具体步骤如下。

（1）打开SQL Server的管理工具SQL Sever Management Studio，创建一个数据库，取名为"ToyUniverse"。

（2）在ER/Studio 8.0中，右击物理模型"Main Model"，选择"Generate Database..."，如图3-6-8所示。

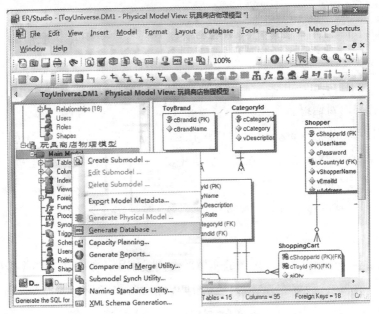

图3-6-8 生成数据库菜单

在弹出的对话框中选择"Generate Objects with Database Connection";单击"Connection"测试数据库连接情况(包括数据库用户和 Windows 身份验证两种,根据所装数据库用户身份实际情况而定),然后单击"Next"按钮。

(3)从对话框中选中"Select or Create a Database"复选框,选中第一个单选按钮,然后在"Database"下拉列表框中选择第一步所创建的数据库"ToyUniverse",单击"Next"按钮。

(4)单击"Next"按钮,进入下一个对话框,选择所需的所有对象,包括数据表和视图等;依次单击"Next"按钮,直到最后单击"Finish"按钮,完成数据库的生成。

在生成数据库操作完成后,可以在 SQL Server 2014 的 SQL Server Management Studio 里,也可以在对话框中(图 3-6-8)选中"Generate a Single,Ordered Script File",同时选择 SQL 脚本文件的存储路径,按向导进行脚本文件的生成。生成的 SQL 脚本文件的扩展名为 .sql,文件中包含创建数据表和定义完整性约束的全部代码,把这些代码复制到 SQL Server Management Studio 中执行即可创建所有数据表。

3.6.5 ER/Studio 8.0 的其他功能

1. 由数据库生成物理模型

由数据库生成物理模型是 ER/Studio 的一个辅助功能。它可以通过导入数据库或使用数据库的脚本文件(如 ToyUniverse.sql)来生成数据库物理模型,便于数据库设计者查看和修改,提高工作效率。总的来说,这和数据库生成的过程正好相反。具体步骤如下。

(1)关闭刚才使用的数据模型。选择"File"→"New"命令,在弹出的对话框中选中第 2 个单选按钮，单击"Login"按钮。

（2）在打开的对话框中选择连接类型。如果选择"ODBC"，应单击"Setup"按钮建立一个数据源，在"Datasource"中选择新建的数据源。如果选择"Native ／ Direct Connection"，应在"Datasource"中填写服务器的名称并选择合适的身份验证模式。单击"Next"按钮，弹出对话框。

（3）在对话框的"Database List"中选择合适的数据库（这里选"ToyUniverse"），在"Include"栏中单击"Select All"按钮，然后单击"Next"按钮进入下一步。

（4）依次在对话框中单击"Next"按钮，其中将布局选择为"Tree"类型。最后单击"Finish"按钮，完成数据库导入，从而可以看见该数据库的逻辑和物理模型。

2. 创建域

域（domain）是创建可重复使用的实体属性列或字段（如各个实体都需要的 ID 字段）的有效工具。通过域，数据库设计者只需要创建一次实体字段（这个字段和其他实体字段有相同的数据类型或数据定义，如实体的 ID 字段等）便能将其应用在多个实体中，从而提高了工作效率。实际上就是用户自定义类型的应用。

单击视图栏的箭头指向，右击方框后选择"Domains"，然后选择"New Domain"，弹出对话框，分别在"Domain Name""Attribute Name""Column Name"中填写域名、属性名和列字段，也可以选中"Synchornize Domain and Attribute ／ ColumnNames"来生成 Domain 域，这里是为了选择所有实体或表中的编号字段，所以域名为"ID"。例如，Toy 和 Order 都需要各自的 ID 属性字段，首先在工作区创建两个实体，然后从"Domains"中选中"ID"并拖曳到相应的实体里面；最后将 Toy 实体中的"ID"改为"Toyid"，Order 实体中的"ID"改为"Orderid"即可。

3. 创建子模型

子模型（submodel）是整体数据模型的一部分。对于较大的数据业务模型来说，数据库整体设计较为复杂，利用子模型来对整体数据模型进行分解，将复杂的数据模型转化为若干简单的小模型来设计，从而更好地解决大型数据库设计难题，也使数据库设计者能够厘清模型设计思路，注重某一具体领域的设计。创建子模型是 ER/Studio 的一个重要功能。这里针对网上玩具商店创建一个子模型，具体步骤如下。

（1）右击视图区"Main Model"选项，选择"Create Submodel"命令，弹出对话框；在"Name"中输入"订单相关子模型"，在该子模型中添加一些只与订单相关的实体；可以从已经存在的实体中添加，也可以新添加实体，创建子模型时只能从已有的实体中选择；选择相应的实体，单击▶，再单击"OK"按钮即可创建成功。

（2）在视图区能够看见所创建的子模型所包含的实体和关系，子模型创建好后可以进行新增实体、修改关系等操作。在子模型中的实体更新后，ER/Studio 自动更新主模型"Main

Model"中相应实体，使实体更新能够保持一致，即修改子模型中的实体实际上是修改主模型中的实体，修改主模型中的实体在子模型中也会反映出来。

4. 生成数据模型文档

生成数据模型文档是 ER/Studio 的重要应用之一。生成数据库模型报告便于数据库设计者和企业其他人员查询。ER/Studio 生成 RTF 和 HTML 两种类型的报告文档。RTF 格式文档是一种在 Microsoft Word 环境下生成的文档。为了便于理解，下面以生成 HTML 文档类型的报告为主来介绍该功能的使用，方法如下。

在数据模型创建完毕后，右击"Main Model"，选择"Generate Report"（也可在菜单栏选择"Tool →"Generate Report"），在弹出的对话框中确定报告文档类型（这里选 HTML）、报告所存储的文件路径等重要信息，单击"Next"按钮。

在弹出的对话框中单击左栏和右栏的"Select All"，选择要生成报告的对象和其他信息，然后单击"Next"按钮。

一直保持默认设置，单击"Next"按钮，最后单击"Finish"按钮生成报告。报告文档生成后可以看到相关的内容。

注意：在生成报告参数中有"Logo"和"Link"两个选项，用于选择本公司的商标来代替 ER/Studio 默认的显示商标；若没有自己公司的商标，则不必设置。

ER/Studio 8.0 是数据库设计者最有力的助手，它强大的功能能够帮助设计者解决数据库设计过程中的很多难题，提高了工作效率，保证了数据库的质量。相对于以前的版本，ER/Studio 8.0 提供了 Repository 版本管理服务器，从而能够使多个数据库设计者协同完成大型的、复杂的数据库设计。本书只是将 ER/Studio 8.0 中主要的功能以玩具商店（ToyUniverse）为例来介绍，还有许多较细的功能这里没有提出。想了解 ER/Studio 8.0 的全部功能，请参考其帮助文档。

第 4 章　创建数据库和数据表

本章在讲解概念的同时对创建数据库的操作流程进行了举例，并对数据库的分离和附加操作进行了演示。然后对数据表的创建与管理进行说明，包括数据类型、创建表、修改表、删除表。接着介绍如何实现数据库的完整性和维护表中的数据。最后，为了便于对数据查询，对索引类型和如何建立索引做了详细的表述。

4.1　数据库的创建与操作

4.1.1　创建数据库

要保存数据，首先需要将数据库建立起来，就像要存放图书，先要搭建书库一样。从物理上看，通常一个数据库对应磁盘系统上的若干个文件。

在 SQL Server 中，一个数据库至少包含两个文件，一个是数据文件，用来保存数据，数据文件的扩展名为 .mdf；另一个是日志文件，用来保存数据库管理系统对数据的操作记录，如创建数据库对象、插入数据、修改数据、删除数据等，日志文件的扩展名为 .idf。

例 4-1-1　在 SQL Server 中创建一个名为"学生选课与成绩管理"的数据库，其中，数据文件名为"学生选课与成绩管理 .mdf"，日志文件名为"学生选课与成绩管理 log. idf"，将两个文件都存放在 D:\LearningRDB 路径之下。

操作步骤如下。

（1）启动 SQL Server Management Studio，展开要创建数据库的服务器。

（2）右击"数据库"，选择"新建数据库"命令，如图 4-1-1 所示。

图 4-1-1　"新建数据库"命令

（3）打开"新建数据库"窗口，如图 4-1-2 所示。将数据库命名为"学生选课与成绩管理"，创建预定的数据库文件。注意，文件的保存位置可以通过单击"…"按钮，在随后弹出的对话框中进行修改。

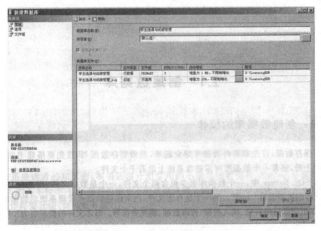

图 4-1-2　"新建数据库"窗口

（4）单击"确定"按钮，完成数据库的创建。

在以上步骤完成后，可在 SQL Server Management Studio 的对象资源管理器中看到新创建的"学生选课与成绩管理"数据库，如图 4-1-3 所示。同时，在 D:\LearningRDB 文件夹内可以看到"学生选课与成绩管理 .mdf"和"学生选课与成绩管理 _log.idf"这两个文件。

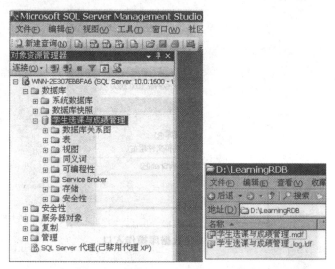

图 4-1-3　创建的数据库及其文件

注意：在实际的数据库应用中，数据文件和日志文件最好不要存放在同一块物理磁盘上，以免磁盘损坏时两类文件同时受损。将数据文件和日志文件分别保存在不同的磁盘上不仅可以确保其安全性，还可以提高系统的 I/O 性能。本书为了方便练习，才将两类文件保存在同一个文件夹下。

在数据库运行过程中，随着用户的不断操作，数据文件中保存的数据量会不断增加，最终将创建时设置的数据文件写满。此时，若要继续保存数据，会发生因文件写满而无法保存的情况。为应对这种问题，需要增加文件的大小。

在默认情况下，数据库会使文件大小自动增加，以减少日常维护的工作量。文件增加方式是默认设置，这样的设置对于本书的练习数据库已足够。在实际的数据库应用中，应预估数据的增长趋势，从而为文件设置合适的增加方式。

可以为数据库添加多个数据文件。数据库的多个数据文件中必有一个被定义为主数据文件（primary database file），扩展名为 .mdf，用来存储数据库的启动信息以及部分或全部数据。一个数据库只能有一个主数据文件，其他数据文件称为次数据文件（secondary database file），扩展名为 .ndf，它们作为对主数据文件的补充。

采用多个数据文件存储数据的优点是：可以通过增加文件来方便地扩充数据库的存储空间；通过将文件分散存储在多个磁盘上以达到并行存储，提高系统的 I/O 性能。

数据文件可组合在一起形成文件组（file group），文件组分为主文件组（primary filegroup）和次文件组（secondary filegroup）。一个文件只能属于一个文件组，一个文件组只能属于一个数据库。当数据库中包含的数据文件比较多时，将文件放入文件组中可以方便对文件进行管理。

4.1.2　数据库的分离与附加

运行中的数据库，其文件不可以直接复制。可以通过对数据库进行分离与附加操作来移动数据库文件，以便在不同的位置学习。例如，上完课后，分离数据库，将数据库文件压缩复制到移动存储设备上，在下次上课时，将压缩文件复制到上课用的计算机上，解压出数据库文件后，附加到数据库系统中。

例 4-1-2　对"学生选课与成绩管理"数据库执行分离操作。

操作步骤如下。

（1）启动 SQL Server Management Studio，展开要分离的数据库。右击，在弹出的快捷菜单中选择"任务"→"分离"命令，如图 4-1-4 所示。

（2）打开"分离数据库"窗口，单击"确定"按钮即可。

说明：若数据库处于正在使用的状态，执行分离操作时将出现错误提示，如图 4-1-5 所示。此时应关闭操作窗口，再次执行分离操作。也可以在"分离数据库"窗口中将"删除连接"和"更新统计信息"列选中，强制执行分离操作。

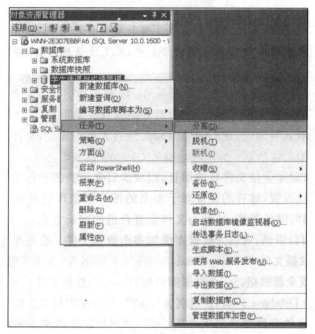

图 4-1-4　"分离"命令

图 4-1-5　分离数据库时的错误提示

对于新建的数据库，其文件内一般有较多空白，对分离后的数据库文件进行压缩，文件一般会明显减小。

例 4-1-3 对"学生选课与成绩管理"数据库执行附加操作。

操作步骤如下。

（1）找到磁盘上存放的数据库文件，包括数据文件"学生选课与成绩管理 .mdf "和日志文件"学生选课与成绩管理 _log.idf "。注意，在执行附加数据库操作时，两个文件一个也不能少。

（2）启动 SQL Server Management Studio，在对象资源管理器中展开"数据库"，右击，在弹出的快捷菜单中选择"附加"命令，如图 4-1-6 所示。

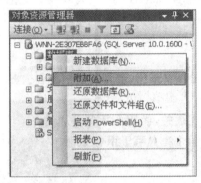

图 4-1-6 "附加"命令

打开"附加数据库"窗口，如图 4-1-7 所示。单击"添加"按钮，在打开的对话框中选择要附加的主数据文件。

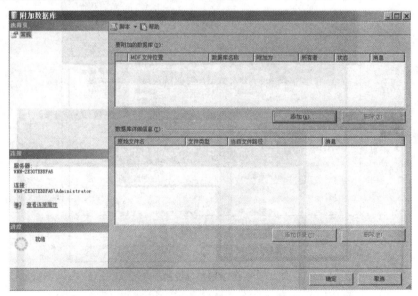

图 4-1-7 "附加数据库"窗口

注意：在附加数据库时，可以在"附加为"列下修改数据库的名称。例如，将"学生选课与成绩管理"修改为"学生管理"。

4.2 数据表的创建与管理

4.2.1 数据类型

计算机中的数据有两种特征：类型和长度。数据类型就是根据数据的表现方式和存储方式来划分的数据的种类。在 SQL Server 2014 中，每个变量、参数、表达式等都有数据类型。系统提供的数据类型分为七大类，如表 4–2–1 所示。

表 4–2–1 SQL Server 2014 的数据类型

数据类型分类	包含的数据类型	基本目的
精确数值	BIT、INT、SMALLINT、TINYINT、BIGINT、DECIMAL（p, s）、NUMERIC（p, s）	存储带或不带小数的精确数值
近似数值	FLOAT（p）、REAL	存储带小数或不带小数的数值
货币	MONEY、SMALLMONEY	存储带 4 位小数的数值，专门用于货币值
日期和时间	DATE、DATETIMEOFFSET、DATETIME2、SMALLDATETIME、DATETIME、TIME	存储时间和日期信息
字符	CHAR（n）、NCHAR（n）、VARCHAR（n）、VARCHAR（max）、NVARCHAR（n）、NVARCHAR（max）、TEXT、NTEXT	存储基于可变长度的字符的值
二进制	BINARY（n）、VARBINARY（n）、VARBINARY（max）、IMAGE	存储二进制表示的数据
特定数据类型	CURSOR、TIMESTAMP、HIERARCHYID、UNIQUEIDENTII–QER、SQL_VARIANT、XML、TABLE、GEOGRAPHY、GEOMETRY	专门处理的复杂的数据类型

1. 精确数值数据类型

精确数值数据类型用来存储没有小数或有多个精确小数的数值。使用任何算术运算符都可以计算这些数据类型中的数值，不需要任何特殊的处理。精确数值数据类型的存储也有精确的定义，表 4–2–2 列出了 SQL Server 2014 支持的精确数值数据类型。其中，p 表示可供存储的值的总位数（不包括小数点），默认值为 18；s 表示小数点后的位数，默认值为 0。

表 4-2-2　精确数值数据类型

数据类型	存储长度 /B	取值范围	说明
BIT	1	0 或者 1	如果输入 0 或 1 以外的值，将被视为 1
INT	4	$-2^{31} \sim 2^{31}-1$	正负整数
SMALLINT	2	$-32\,768 \sim 32\,767$	正负整数
TINYINT	1	$0 \sim 255$	正整数
BIGINT	8	$-2^{63} \sim 2^{63}-1$	大范围的正负整数
DECIMAL（p, s）	5 ~ 17	$(-10^{38}+1) \sim (10^{38}-1)$	最大可存储 38 位十进制数
NUMERIC（p, s）	5 ~ 17	$(-10^{38}+1) \sim (10^{38}-1)$	与 DECIMAL 等价

例如，DECIMAL(15, 5)表示共有15位数，其中整数10位，小数5位，最大精度是38位。使用最大精度时，有效值为（$-10^{38}+1$） ~ （$10^{38}-1$）。

2. 近似数值数据类型

近似数值数据类型用来存储十进制数值。其数值只能精确到数据类型定义中指定的精度，不能保证小数点右边的所有数字都能正确存储，所以有误差。由于这些数据类型是不精确的，因此很少使用，只有在精确数值数据类型不够大时才考虑使用。表 4-2-3 列出了 SQL Server 2014 支持的近似数值数据类型。

表 4-2-3　近似数值数据类型

数据类型	存储长度 /B	取值范围	说明
FLOAT（p）	4 或 8	$-1.79\text{E}+308 \sim 2.23\text{E}-308$、0 和 $2.23\text{E}-308 \sim 1.79\text{E}+308$	存储大型浮点数
REAL	4	$-3.40\text{E}+38 \sim 1.18\text{E}-38$、0 和 $1.18\text{E}-38 \sim 3.40\text{E}+38$	在 SQL-92 标准中已被 FLOAT 替换

3. 货币数据类型

货币数据类型用于存储精确到4位小数的货币值。表 4-2-4 列出了 SQL Server 2014 支持的货币数据类型。

表 4-2-4　货币数据类型

数据类型	存储长度 /B	取值范围	说明
MONEY	8	–922 337 203 685 477.580 8 ～ 922 337 203 685 477.580 7	存储大型货币值
SMALLMONEY	4	–214 748.3648 ～ 214 748.364 7	存储小型货币值

4. 日期和时间数据类型

日期和时间数据类型用于存储日期和时间。表 4–2–5 列出了 SQL Server 2014 支持的日期和时间数据类型。

表 4-2-5　日期和时间数据类型

数据类型	存储长度 /B	取值范围	精度
DATE	3	0001–01–01~9999–12–31	1 d
TIME	3 ～ 5	00:00:00.0000000~23:59:59.9999999	100 ns
SMALLDATETIME	4	1900–01–01~2079–06–06	1 min
DATETIME	8	1753–01–01~9999–12–31	0.00333 s
DATETIME2	6 ～ 8	0001–01–01 00:00:00.0000000~ 9999–12–31 23:59:59.9999999	100 ns
DATETIMEOFFSET	8 ～ 10	0001–01–0100:00:00.0000000~ 9999–12–31 23:59:59.9999999 （以世界协调时间 UTC 表示）	100 ns

5. 字符数据类型

字符数据类型用于存储字符数据，每种字符占用 1 个或 2 个字节，具体形式取决于该数据类型的编码方式。编码有 ANSI 和 Unicode 两种，其中 ANSI 编码使用一个字节来表示每个字符；Unicode 标准使用 2 个字节来表示每个字符。表 4–2–6 列出了 SQL Server 2014 支持的字符数据类型。使用 Unicode 标准的好处是其使用两个字节做存储单位，每个存储单位的容纳量就大大增加了，进而可以将全世界的语言文字都存储在内，一个数据列中就可以同时出现中文、英文、法文、德文等，而不会出现编码冲突。

表 4-2-6　字符数据类型

数据类型	存储长度	取值范围	说明
CHAR（n）	1 ～ 8000 B	最多 8000 个字符	固定长度 ANSI 数据类型
NCHAR（n）	2 ～ 8000 B	最多 4000 个字符	固定长度 Unicode 数据类型
VARCHAR（n）	1 ～ 8000 B	最多 8000 个字符	可变长度 ANSI 数据类型
VARCHAR（max）	最大 2 GB	最多 1 073 741 824 个字符	可变长度 ANSI 数据类型
NVARCHAR（n）	2 ～ 8000 B	最多 4000 个字符	可变长度 Unicode 数据类型

（续表）

数据类型	存储长度	取值范围	说明
NVARCHAR（max）	最大 2 GB	最多 536 870 912 个字符	可变长度 Unicode 数据类型
TEXT	最大 2 GB	最多 1 073 741 824 个字符	可变长度 ANSI 数据类型
NTEXT	最大 2 GB	最多 536 870 912 个字符	可变长度 Unicode 数据类型

注意：可变长度数据类型具有变动长度的特性。因为 VARCHAR 数据类型的存储长度为实际数值长度，若输入数据的字符数小于 n，则系统不会在其后添加空格来填满设定好的空间。反之，固定长度的类型，如果输入字符长度比定义长度小，则在其后添加空格来填满长度。

6. 二进制数据类型

二进制数据类型存储的是 0、1 组成的文件。表 4–2–7 列出了 SQL Server 2014 支持的 4 种二进制数据类型。

表 4-2-7　二进制数据类型

数据类型	存储长度	说　　明
BINARY（n）	1 ~ 8000B	存储固定大小的二进制数据
VARBINARY（n）	1 ~ 8000B	存储可变大小的二进制数据
ARBINARY（max）	最大 2GB	存储可变大小的二进制数据
IMAGE	最大 2GB	存储可变大小的二进制数据

注意：在 SQL Server 的未来版本中将删除 NTEXT、TEXT 和 IMAGE 数据类型。请避免在新的开发工作中使用这些数据类型，并考虑修改当前使用这些数据类型的应用程序，改用 NVARCHAR(max)、VARCHAR(max) 和 VARBINARY(max)。

7. 特定数据类型

除了上述的数据类型，SQL Server 2014 还提供了几种特殊的数据类型。表 4–2–8 描述了这几种特殊的数据类型。

表 4-2-8　特殊数据类型

数据类型	说　明
TABLE	该类型数据用于存储结果集，以便进行后续处理。TABLE 主要用于临时存储一组作为表值函数的结果集返回的行。TABLE 变量可用于函数、存储过程和批处理
HIERARCHYID	HIERARCHYID 数据类型是一种长度可变的系统数据类型，可用于表示层次结构中的位置。类型为 HIERARCHYID 的列不会自动表示。由应用程序来生成和分配 HIERARCHYID 值，使行与行之间的关系反映在这些值中

（续表）

数据类型	说明
TIMESTAMP	TIMESTAMP 数据类型为 ROWVERSION 数据类型的同义词，不推荐使用 TIMESTAMP 语法
UNIQUEIDENTIFIER	这是一个 16 字节的全局唯一标识符（GUID），用来全局标识数据库、实例和数据表中的一行
CURSOR	这是变量或存储过程 OUTPUT 参数的一种数据类型，这些参数包含对游标的引用
SQL_VARIANT	该类型数据用于存储 SQL Server 支持的各种数据类型（不包括 TEXT、NTEXT、IMAGE、TIMAGE 和 SQL VARIANT）的值
XML	这是指存储 XML 数据的数据类型，可以在列中或者 XML 类型的变量中存储 XML 实例
GEOGRAPHY	地理空间数据类型 GEOGRAPHY 是作为 SQL Server 中的．NET 公共语言运行时（CLR）数据类型实现的，表示圆形地球坐标系中的数据。GEOGRAPHY 数据类型用于存储诸如 GPS 纬度和经度坐标之类的椭球体（圆形地球）数据
GEOMETRY	平面空间数据类型 GEOMETRY 在 SQL Server 中是作为公共语言运行时（CLR）的数据类型实现的，表示欧几里得（平面）坐标系中的数据

4.2.2 创建表

在使用数据库的过程中，接触最多的就是数据库中的表。表是数据存储的地方，是数据库中最重要的部分。管理好表也就管理好了数据库。下面介绍创建表的两种方式。

1．使用表设计器创建表

在对象资源管理器中使用表设计器创建表的步骤如下。

（1）如果 SQL Server 服务还没有启动，应先启动 SQL Server 服务。然后打开 SQL Server Management Studio，依次展开要创建表的数据库。在"表"上右击，在弹出的快捷菜单中选择"新建表"命令，将打开设计器窗口。

（2）在表设计器中输入或选取表的列名、数据类型、精度、默认值等属性。为了记忆和编程方便，建议取有意义的列名，尽量不要用中文，建议在列名的开头带上数据类型代码，表示名称的单词的第一个字母大写，以便识别，如 vToyName，表示玩具名称，是 VARCHAR 类型。

常用的数据类型代码如表 4-2-9 所示，也可参见"匈牙利命名规则"。

表 4-2-9 数据类型推荐代码

数据类型	代码	范围	存储数据类型
INT	i	$-2^{31} \sim 2^{31}$	整型数据（所有的数）

（续表）

数据类型	代码	范围	存储数据类型
FLOAT	f	$-1.79E+308 \sim 1.79E+308$	浮点精度数
MONEY	m	$-2^{63} \sim 2^{63}-1$	货币数据
DATETIME	d	January 1，1753～December 31，9999	日期和时间数据
CHAR（n）	c	n 个字符，n 可以为 1~8000	字符型数据
VARCHAR（n）	v	n 个字符，n 可以为 1~8000	字符型数据
SMALLINT	si	$-2^{15} \sim 2^{15}-1$	整型数据
TEXT	t	最大长度为 $2^{31}-1$ 个字符	字符型数据
TINYINT	ti	0~255	整型数据
BIT	bt	0 或 1	整型数据 0 或 1
IMAGE	im	最大长度为 $2^{31}-1$ 个字节	用可变长度的二进制数据来存储图像

在“数据类型”中选择字段的数据类型，指定字段的长度或精度。对于 CHAR、VARCHAR、NCHAR、NVARCHAR、BINARY 和 VARBINARY 等数据类型，要在“长度”列中输入一个数字，用以指定字段的长度。对于 DECIMAL 和 NUMERIC 类型，还应在窗口下边的“精度”中输入数字位数，在“小数位数”中输入小数位数。

在“列属性”中，除了可以设置列名称和数据类型，还可以设置默认值、是否允许 NULL 值、标识规范、计算列规范、排序规则等。

指定字段是否允许为空，如果不允许空值，则取消选中“允许空”列中的复选框，这意味着不允许为空（NOT NULL 约束）。

（3）设置字段的自动编号属性。对于数据类型为整型类型的字段，可以设置自动编号属性（IDENTITY 属性），即此列的值由系统自动生成，不需要用户输入。具有自动编号属性的列可作为无主键属性的表的主键。但是要注意自动编号的最大值，当达到最大值后，此表不能再增加新数据。

设置自动编号属性的方法是：选择窗口下边的“标识规范”→“（是标识）”，然后在右边出现的下拉列表中选择“是”，启动自动编号属性后，自动取消选中字段的“允许空”复选框。然后在“标识种子”文本框中输入自动编号的初始值，在“标识递增量”中输入自动编号的增量值。

对于具有自动编号属性的字段，在输入数据时不必为其提供任何值。每当在表中插入记录时，系统会自动产生一个值。例如，如果设置一个具有自动编号属性的列并且指定其标识种子值为 100，标识递增量为 5，则插入第一条记录时，此字段的值为 100；插入第二条记录时，此字段的值为 105：插入第三条记录时，此字段的值为 110……依此类推。如果不指定标识种子和标识递增量，则其默认值均为 1。自动编号属性适用于 INT、SMALLINT、TINYINT、DECIMAL（P，O）、NUMERIC（P，0）数据类型的列。

表的列名在同一个表中具有唯一性，同一列的数据属于同一种数据类型。

默认情况下，表的某一列是允许不给值的，即允许 NULL 值，也就是允许在插入数据时省略该列的值。如果表的某一列被指定具有 NOT NULL 属性，那么就不允许在没有指定列默认值的情况下插入省略该列值的数据行。

"缺省值"用于设置在用户输入数据时，如果没有给定值，系统就会给出一个默认值。

"计算列规范"用于自动计算列的值，计算列的值由表达式计算得出。表达式可以是非计算列的列名、常量、函数，也可以是用一个或多个运算符连接的上述元素的任意组合。表达式不能为子查询。例如，一个数据表有 A、B、C3 列，C 列的值为 A+B，则可以在"计算列规范"属性中填写"A+B"。再如，一个数据表包括出生日期和年龄两列，年龄要求根据出生日期自动计算得出，则可以在年龄列的"计算列规范"中添加"datediff(year，出生日期，getdate( ))"。这里的 getdate 和 datediff 是系统内置的日期函数，用于获取当前时间和计算时间的差值。

计算列在默认情况下是未实际存储在表中的虚拟列。在这种情况下，每当在查询中引用计算列时，都将重新计算它们的值。为解决这一问题，可以将"计算列规范"下的"是持久的"属性设置为"是"。这种情况下，计算列实际存储在表中。如果在计算列的更改时涉及任何列，将更新计算列的值。如果计算列的公式中含有不确定性，则计算列是不能设置为持久化的，例如上面例子中的年龄列的计算公式中含有获取当前日期函数，每次执行都有不同的结果，所以该列不能设置为持久化。

（4）定义表的主键（primary key）。选中要定义主键的列，然后右击，从弹出的快捷菜单中选择"设置主键"命令（钥匙形状），设置主键成功后，会在列名的左边出现一把钥匙的图标。注意，如果是定义由多列组成的复合主键，则必须同时选中这些列（选择列时按住 Ctrl 键）。

（5）把所有的列设置好后，单击"保存"按钮，在弹出的对话框中输入表的名字，表即创建完成。SQL Server 2014 默认情况下不允许通过表设计器更改表的信息，保存时可能会弹出错误提示对话框，在"工具"→"选项"→"设计器"中取消选中"阻止保存重新创建表的更改"即可。

2. 使用 SQL 语句创建表

在前面创建的 ToyUniverse 数据库中，创建如表 4–2–10~ 表 4–2–13 所示的表。

表 4-2-10　ToyBrand（玩具商标）表结构

列（属性）名	中文名称	类型	宽度	说　明
cBrandId	商标编号	CHAR	3	主键
cBrandName	商标名称	CHAR	20	NOT NULL

表 4-2-11　Toys（玩具）表结构

列（属性）名	中文名称	类型	宽度	说明
cToyId	玩具 ID	CHAR	6	主键
vToyName	玩具名称	VARCHAR	20	NOT NULL
vToyDescription	玩具描述	VARCHAR	250	
cCategoryId	种类 ID	CHAR	3	外键
mToyRate	玩具价格	MONEY		NOT NULL
cBrandId	商标 ID	CHAR	3	外键
imPhoto	照片	IMAGE		
siToyQoh	数量	SMALLINT		NOT NULL
siLowerAge	最小年龄	SMALLINT		
siUpperAge	最大年龄	SMALLINT		
siToyWeight	玩具重量	FLOAT		NOT NULL
vToyImgPath	玩具图片路径	VARCHAR	50	

表 4-2-12　Orders（订单）表结构

列（属性）名	中文名称	类型	宽度	说明
cOrderNo	订单编号	CHAR	6	主键
dOrderDate	订单日期	DATETIME		NOT NULL
cShopperId	购物者 ID	CHAR	6	外键
cShippingModeId	运货方式 ID	CHAR	2	外键
mShippingCharges	运货费用	MONEY		
mGiftWrapCharges	礼品包装费用	MONEY		
COrderProcessed	订单处理	CHAR	1	
mToyTotalCost	玩具总价	MONEY		
mTotalCost	订单总价	MONEY		
dExpDelDate	运到日期	DATETIME		

表 4-2-13 OrderDetail（订单细节）表结构

列（属性）名	中文名称	类型	宽度	说明
cOrderNo	订单编号	CHAR	12	主键
cToyId	玩具 ID	CHAR	6	主键
mToyRate	玩具单价	MONEY		NOT NULL
siQty	数量	SMALLINT	250	NOT NULL
cGiftWrap	是否要礼品包装	CHAR	1	
cWrapperId	包装 ID	CHAR	3	
vMessage	信息	VARCHAR	256	
mToyCost	玩具总价			玩具总价 = 玩具单价 × 数量

在 SQL Server Management Studio 中选中"ToyUniverse"数据，单击工具栏中的"新建查询"，输入创建表的 SQL 命令，执行后即可创建表。

创建表的命令为 CREATE TABLE，在 SQL Server 中的语法格式如下：

CREATE TABLE[database_name.[owner].|owner.]table_name

（{<column_definition> | column_name AS computed_column_expression |<table_constraint>}[，...n]）

[ON{filegroup | DEFAULT}]

[TEXTIMAGE_ON{filegroup |DEFAULT}]

<column_definition>::={column_name data_type）

[DEFAULT constant_expression]

|[IDENTITY[（seed，increment）[NOT FOR REPLICATION]]]]

[ROWGUIDCOL]

[COLLATE<collation_name>]

[<column_constraint>][...n]

主要参数说明如下。

（1）database_name：指定新建的表属于的数据库，如果不指定数据库名，将所创建的表存放在当前数据库中。

（2）owner：指定数据库所有者的用户名。

（3）table_name：指定新建的表的名称，最长不超过 128 个字符。

对数据库来说，database_name、owner、object_name 应该是唯一的。

（4）column_name：指定新建的表的列的名称，最长不超过 128 个字符。

（5）computed_column_expression：指定计算列（computed column）的列值的表达式，表达式可以是列名、常量、变量、函数或它们的组合。所谓计算列是指一个虚拟的列，它的值并不实际存储在表中，而是通过对同一个表中其他列进行计算而得到的结果。

（6）ON{filegroup |DEFAULT}：指定存储表的文件组名。如果使用了 DEFAULT 选项或省略了 ON 子句，则新建的表会存储在默认文件组中。

（7）TEXTIMAGE_ON：指定 TEXT、NTEXT 和 IMAGE 列的数据存储的文件组。如果无此子句，这些类型的数据就和表一起存储在相同的文件组中。

（8）data_type：指定列的数据类型。

（9）DEFAULT：指定列的默认值。输入数据时，如果用户没有指定列值，系统就会用设定的默认值作为其列值。如果该列没有指定默认值但允许 NULL 值，则 NULL 值就会作为默认值。其中默认值可以为常数、NULL 值、SQL Server 内部函数（如 GETDATEO 函数）、NILADIC 函数等。

（10）constant_expression：列默认值的常量表达式。可以为一个常量、系统函数或 NULL。

（11）IDENTITY：指定列为 IDENTITY 列。一个表中只能有一个 IDENTITY 列。

（12）NOT FOR REPLICATION：可为 IDENTITY 属性、FOREIGN KEY 约束和 CHECK 约束指定 NOT FOR REPLICATION 子句。如果为 IDENTITY 属性指定了该子句，复制代理执行插入时，标识列中的值将不会增加；如果为约束指定了此子句，当复制代理执行插入、更新或删除操作时，将不会强制执行此约束。

（13）ROWGUIDCOL：指定列为全局唯一标识行号列（ROWGUIDCOL 是 row globalunique identifier column 的缩写），此列的数据类型必须为 UNIQUEIDENTIFIER 类型。一个表中数据类型为 UNIQUEIDENTIFIER 的列中只能有一个列被定义为 ROWGUIDCOL 列。ROWGUIDCOL 属性不会使列值具有唯一性，也不会在插入的行自动生成一个新的数值，需要在 INSERT 语句中使用 NEWIDO 函数或指定列的默认值为 NEWIDO 函数。

（14）COLLATE：指明表使用的校验方式。

（15）column_constraint 和 table_constraint：指定列约束和表约束。

总结一下，其基本格式如下。

CREATE TABLE< 表名 >(< 列名 >< 数据类型 >[列级完整性约束条件]

[[, < 列名 >< 数据类型 >[列级完整性约束条件]]

……

[, < 表级完整性约束条件 >])

例 4–2–1　创建玩具商标表 ToyBrand，其结构如表 4–2–10 所示。

代码如下。

```
CREATE TABLE ToyBrand(
cBrandId CHAR( 3 ),
cBrandName CHAR( 20 )
)
```

查看表是否创建成功可以执行查询命令，语句如下。

```
SELECT 2 FROM ToyBrand
```

如果表创建成功，则会显示表的所有列，但没有数据。

例 4–2–2　创建玩具表 Toys，其结构如表 4–2–11 所示。

代码如下。

```
CREATE TABLE Toys(
cToyId                CHAR( 6 ),
vToyName              VARCHAR( 20 ),
vToyDescription       VARCHAR( 250 ),
cCategoryId           CHAR( 3 ),
mToyRate              MONEY,
cBrandId              CHAR( 3 )
imPhoto               IMAGE,
siToyQoh              SMALLINT,
siLowerAge            SMALLINT,
siUpperAge            SMALLINT,
siToyWeight           FLOAT,
vToyImgPath           VARCHAR( 50 )
)
```

例 4–2–3　创建如表 4–2–13 所示的订单细节表，其中玩具总价是一个计算列。计算公式是：玩具总价 = 玩具单价 × 数量。

代码如下。

```
CREATE TABLE OrderDetail(
cOrderNo CHAR( 12 ),
cToyId CHAR( 6 ),
mToyRate MONEY,
siQty SMALLINT( 250 ),
cIsGiftWrap CHAR( 1 ),
cWrapperId CHAR( 3 ),
vMessage VARCHAR( 256 ),
```

mToyCost AS(mToyRate*siQty)PERSISTED　　/* 此列的值通过计算得出 */

注意：此例中 mToyCost 是一个计算列，仅在 SQL Server 数据库中支持，在其他数据库中也提供类似的技术，如 Oracle 中的虚拟列。PERSISTED 表示是持久的，列值实际存储在表中。

以上 3 个例子没有对表中的数据进行任何限制，容易破坏数据库的完整性。因此，为保证数据库的完整性，必须增加对数据库完整性约束的条件。

4.2.3　修改表

1. 利用表设计器修改表

表创建好后，如果需要对表的列、约束等属性进行添加、删除或修改，就需要修改表结构。在对象资源管理器中选择要进行改动的表，右击，从弹出的快捷菜单中选择"设计"命令，则会出现与新建表时相同的窗口，可以对表进行各种修改操作。

2. 用 ALTER TABLE 命令修改表结构

创建表结构后，如果希望添加表字段，又不能修改原来的代码，则可使用 ALTER TABLE 命令修改表结构。

例 4-2-4　在玩具表中添加一个进货时间列 dStockTime。

代码如下。

ALTER TABLE Toys ADD dStockTime DATETIME

例 4-2-5　将玩具表的玩具描述列的数据类型修改为 VARCHAR（1 000）。

代码如下。

ALTER TABLE Toys ALTER COLUMN vToyDescription VARCHAR(1 000)

例 4-2-6　将玩具表中的进货时间列删除。

代码如下。

ALTER TABLE Toys DROP COLUMN dStockTime

4.2.4　删除表

1. 用对象资源管理器删除表

在对象资源管理器中右击要删除的表，从弹出的快捷菜单中选择"删除"命令，会出现删除对象对话框。单击"确定"按钮，即可以删除表。单击"显示依赖关系"按钮，即会出现显示相关性的对话框，其中列出了表所依靠的对象和依赖于表的对象。当有对象依赖于表时，不能删除表。

2. 用 DROP TABLE 命令删除表

使用 DROP TABLE 命令可以删除一个表和表中的数据及与表有关的所有索引、触发器、约束、许可对象（与表相关的视图和存储过程需要用 DROP VIEW 和 DROP PROCEDURE 命令来删除）。

DROP TABLE 命令的语法如下。

DROP TABLE table_name

如果要删除的表不在当前数据库中，则应在 table_name 中指明其所属数据库和用户名。在删除一个表之前要先删除与此表相关联的表中的外关键字约束。删除表后，绑定的规则或默认值会自动松绑。

例 4–2–7 删除 Toys 表。

代码如下。

DROP TABLE Toys

注意：不能删除系统表。如果表被其他表引用（作为主键表），则不能将其删除。

4.3 数据完整性的实现及应用

4.3.1 数据库完整性的实现

数据库中的数据是从外界输入的，而由于种种原因，会发生输入无效或错误信息的现象。如何确保输入的数据符合规定成为数据库系统，尤其是多用户的关系数据库系统首要关注的问题。例 4–2–1~ 例 4–2–3 中创建了玩具商标表、玩具表和订单细节表，但这 3 个表对插入的数据没有做任何限制，这样可能导致出现一模一样的数据，会使数据冗余，占用磁盘空间。对表进行连接运算时出现更多的重复数据，破坏了实体完整性。在订单细节表中可能出现订单表中并不存在的订单号，使存储的数据无任何意义，破坏了参照完整性。因此，必须确保数据库的完整性。

1. 实体完整性的实现

实体完整性是通过在表中创建主键实现的。主键值不能取空值，并且不能重复，可在 CREATE TABLE 语句中用 PRIMARY KEY 定义主键。对于单个列构成的主键有两种定义方法：一种是定义为列级约束条件，另一种是定义为表级约束条件。对于多个字段构成的主键只有一种说明方法，即定义为表级约束条件。

例 4–3–1 创建玩具商标表 ToyBrand，将商标编号定义为主键。玩具商标表的结构见表 4–2–10。

程序如下。

```
CREATE TABLE ToyBrand(
cBrandId CHAR( 3 )PRIMARY KEY,            /* 在列级定义主键 */
cBrandName CHAR( 20 )NOT NULL
 )
```

或者

```
CREATE TABLE ToyBrand(
cBrandId CHAR( 3 ),
cBrandName CHAR( 20 )NOT NULL,
PRIMARY KEY( cBrandId )                    /* 在表级定义主键 */
 )
```

或者

```
CREATE TABLE ToyBrand(
cBrandId CHAR( 3 ),
cBrandName CHAR( 20 )NOT NULL,
CONSTRAINT pkBrandId PRIMARY KEY( cBrandId )   /* 在表级定义主键 */
```

注意：cBrandId 列定义为一个主键，此列的值不能为空值（NULL）并且不能重复。cBrandName 增加了列级约束 NOT NULL，表示此列的值不能取空值。

例 4-3-2 创建订单细节表 OrderDetail，将订单编号和玩具 ID 定义为主键（复合主键）。订单细节表的结构见表 4-2-13。

程序如下。

```
CREATE TABLE OrderDetail
( cOrderNo CHAR( 12 ),
cToyId CHAR( 6 ),
mToyRate MONEY NOT NULL,
siQty SMALLINT( 250 )NOT NULL,
cIsGiftWrap CHAR( 1 ),
cWrapperId CHAR( 3 ),
vMessage VARCHAR( 256 ),
mToyCost AS( mToyRate**siQty )PERSISTED,
PRIMARY KEY( cOrderNo，cToyId )   /* 在表级定义主键 */
 )
```

如果数据表已经存在但没有定义主键，可以使用 ALTER TABLE 语句对表进行修改，添加主键约束。但要求主键列设置了 NOT NULL 属性，否则将不能添加。

例 4–3–3 将订单表的订单编号设置为主键。

程序如下。

ALTER TABLE Orders

ADD CONSTRAINT pkOrderNo PRIMARY KEY（cOrderNo）

或者

ALTER TABLE Orders

ADD PRIMARY KEY（cOrderNo）

如果表中存在数据并且 cOrderNo 列中有重复数据，则以上语句会执行失败。消除重复数据后可以创建成功。

语句中 pkOrderNo 是约束的名称，如果要删除主键约束，同样可以使用 ALTER TABLE 命令，语句如下。

ALTER TABLE Orders

DROP CONSTRAINT pkOrderNo

当在表中插入或修改数据时，系统要自动对实体完整性规则进行检查，包括下面两项。

（1）检查主键值是否唯一，如果不唯一则拒绝插入或修改。

（2）检查主键的每一个列是否为空，只要有一个为空就拒绝插入或修改。

通过检查确保了实体完整性。

注意：不能使用一个定义为 TEXT 或 IMAGE 数据类型的列创建主关键字。

2. 参照完整性（引用完整性）的实现

在关系数据库中用外键来实现参照完整性，可以在 CREATE TABLE 语句中用 FOREIGN KEY 定义哪些列为外键，用 REFERENCES 指明这些外键参照哪些表的主键。

例 4–3–4 创建订单细节表 OrderDetail，并定义外键。

语句如下。

CREATE TABLE OrderDetail（

cOrderNo CHAR（12）REFERENCES Orders（cOrderNo），   /* 在列级定义 */

cToyId CHAR（6），

mToyRate MONEY NOT NULL，

siQty SMALLINT NOT NULL，

cIsGiftWrap CHAR（1），

cWrapperId CHAR（3），

vMessage VARCHAR（256），

mToyCost AS（mToyRate*siQty）PERSISTED，

PRIMARY KEY（cOrderNo，cToyId）   /* 在表级定义主键 */

FOREIGN KEY(cToyId) REFERENCES Toys(cToyId)/* 在表级定义外键 */

说明：cToyId 列是主键的一部分，同时也是一个外键。它参照 Toys 表的 cToyId 列，即此列的值要么为空，要么只能是 Toys 表中 cToyId 列中的值。由于它是主键的一部分，所以不能为空。

注意：参照表的外键的数据类型和长度要求与被参照表的主键的数据类型和长度一致。要先创建主键表才能创建外键表，被参照的列必须是主键。

如果数据表已经存在，但没有建立外键，可以使用 ALTER TABLE 语句对表进行修改，添加外键约束。

例 4-3-5 将订单细节表的订单编号和玩具 ID 设置为外键。

语句如下。

ALTER TABLE OrderDetail

ADD CONSTRAINT fkOrderNo FOREIGN KEY(cOrderNo)REFERENCES Orders（ cOrderNo ）

ALTER TABLE OrderDetail

ADD CONSTRAINT fkToyId FOREIGN KEY(cToyId)REFERENCES Toys(cToyId)

或者

ALTER TABLE OrderDetail

ADD FOREIGN KEY(cOrderNo)REFERENCES Orders(cOrderNo)

ALTER TABLE OrderDetail

ADD FOREIGN KEY(cToyId)REFERENCES Toys(cToyId)

参照完整性将两个表中的相应记录联系起来。因此，对被参照表和参照表进行增、删、改操作时要对数据库的参照完整性进行检查。如果破坏了参照完整性，则做相应的处理，规则如表 4-3-1 所示。

表 4-3-1 可能破坏参照完整性的情况及违约处理

被参照表 （主键表，如订单表）	动作方向	参照表 （外键表，如订单细节表）	违约处理
可能破坏参照完整性	←	插入记录	拒绝
可能破坏参照完整性	←	修改外键值	拒绝
删除记录	→	可能破坏参照完整性	拒绝 / 级联删除 / 设置为空值
修改主键值	→	可能破坏参照完整性	拒绝 / 级联修改 / 设置为空值

表中给出了如下几种情况。

（1）当在主键表中删除记录时，如果外键表中存在与外键值与主键表中要删除的主键值相同的记录，可以拒绝删除、级联删除外键表中的相关联记录或设置外键表中的相关联记录的外键值为 NULL。

（2）当修改主键表中的主键值时，如果外键表中存在相关联的记录，可以拒绝修改、级联修改外键表中相关联记录的外键值或设置相关联记录的外键值为 NULL。

（3）当在外键表中插入记录时，如果插入数据的外键值不为 NULL，且在主键表的主键中找不到相同的值，则拒绝插入。

（4）当在外键表中修改外键值时，如果新的值在主键表中不存在且不为 NULL，则拒绝修改。

注意：在外键表中删除记录对主键表没有影响。如果创建表时在外键列上定义其不允许为空，则此列不能取 NULL 值。

例如，将订单表与订单细节表通过订单编号列关联起来。如果关联关系中设置了级联删除、级联更新，则当在订单表中删除订单编号为"201500001"的记录时，订单细节表中所有订单编号为"201500001"的记录都将被删除。如果在主键表中修改了订单编号，外键表中的订单编号将被自动修改。

从上述可知，当删除或修改主键表的记录时，系统可以采用 3 种策略处理，即拒绝（NO ACTION）、级联（CASCADE）、设置为空值。在默认情况下采用的策略是拒绝，可以在创建表时指出处理策略。

例 4-3-6　显示说明参照完整性的违约处理策略示例。

代码如下。

CREATE TABLE OrderDetail(

cOrderNo CHAR（12）REFERENCES Orders（cOrderNo）　/* 在列级定义参照完整性 */

ON DELETE CASCADE　　/* 当删除 Orders 表中的记录时，级联删除 OrderDetail 表中相关联的记录 */

ON UPDATE CASCADE /* 当更新 Orders 表中的 cOrderNo 时，级联更新 OrderDetail 表中

相关联记录的 cOrderNo*/

cToyId CHAR（6），

mToyRate MONEY NOT NULL，

siQty SMALLINT（250）NOT NULL，

cIsGiftWrap CHAR（1），

cWrapperId CHAR（3），

vMessage VARCHAR（256），

mToyCost AS（mToyRate*siQty）PERSISTED，

PRIMARY KEY（cOrderNo，cToyId），　　/* 在表级定义主键 */

FOREIGN KEY（cToyId）REFERENCES Toys（cToyId）　/* 在表级定义参照完整性 */

ON DELETE NO ACTION/* 当删除 Toys 表中的数据时，如果 OrderDetail 表中存在相关联的记录，则拒绝删除 */

ON UPDATE NO ACTION/* 当更新 Toys 表中的 cToyId 时，如果 OrderDetail 表中存在相关联的记录，则拒绝更新 */

)

说明：cOrderNo 列参照 Orders 表的 cOrderNo 列，并设置了级联删除和级联更新。当删除 Orders 表中的数据时，如果本表中存在外键值与 Orders 表中被删除或更新的记录主键值相同的记录，则这些记录被删除或外键值被更新。cToyId 列也是一个外键，并设置了级联删除和级联更新。

从上面的讨论可以看到，关系数据库管理系统在实现参照完整性时，除了要提供定义主键、外键的机制，还需要提供不同的违约处理策略供用户选择。具体选择哪种策略，要根据应用环境的要求确定。

在 SQL Server 中，除了可以使用 SQL 定义主键和外键来实现实体完整性和参照完整性，还可以使用图形化界面来管理表与表之间的关系，实现对表的主键和外键的可视化管理。方法如下。

在对象资源管理器中选中"数据库关系图"，右击，从弹出的快捷菜单中选择"新建数据库关系图"，从弹出的对话框中选择进行关系管理的一些数据表，单击"确定"按钮后，系统根据这些表已经建立的主键和外键建立关系图。

在对话框中，指向的是主键表。例如，Orders 表与 0rderDetail 表通过 cOrderNo 列联系起来。cOrderNo 列在 Orders 表中是主键，在 OrderDetail 表中是外键；Orders 表是主键表，OrderDetail 表是外键表。Toys 表与 OrderDetail 表通过 cToyId 列联系起来，cToyId 列在 Toys 表中是主键，在 OrderDetail 表中是外键；Toys 表是主键表，OrderDetail 表是外键表。

如果表中没有定义好外键，在关系图中就不会看到关系线条。要建立表之间的关系，可以把外键拖动到它参照的表的主键上，单击后弹出对话框，检查主键和外键的对应关系是否正确，如果不正确可以进行更正。

关系正确后单击"确定"按钮，在关系图中将会出现关系线条。如果要删除关系，选中关系线条，右击，选择"从数据库中删除关系"。从数据库中删除关系是删除了外键表中外键的定义，对主键表没有任何影响，也不影响外键表的逻辑结构和表中的数据。

如果要修改关系的属性，可以选中关系图中的关系线条，在 SQL ServDer Management Studio 的属性窗口（从"查看"菜单中选择"属性窗口"打开该窗口）中将会显示关系的属性。

在 INSERT 和 UPDATE 规范中可设置更新和删除规则，规则选项包括不执行任何操作、级联、设置为 NULL、设置默认值。前面已经介绍过，不执行任何操作表示当主键表中的数据更新或删除时，如果处键表中存在这个值，则不允许更新或删除；级联表示当主键表中的数据更新或删除时,外键表对应的数据同样被更新或删除;设置为 NULL 表示当主键表的数据更新或删除时,外键表对应的数据设置为 NULL;设置默认值表示当主键表的数据更新或删除时,外键表对应的数据使用这个列上的默认值。不执行任何操作和级联是常用的方式,设置为 NULL 和设置默认值要求列允许为空或设置了默认值时约束才有效。

具体应该进行何种设置应根据具体的业务要求而定,对于设置为级联删除的关系要特别注意。例如,玩具表和订单细节表的关系如果设置了级联删除,则删除一个玩具时,所有与这个玩具相关联的订单细节也将被删除,这在业务上是不允许的。因为订单细节是一种交易记录,需要长期保存,不能因为玩具被删除而丢失交易记录。在这种情况下,应设置为不执行任何操作。再如,订单表和订单细节表的关系如果设置了级联删除,删除一个订单时,所有与这个订单相关联的订单细节也将被删除,因为订单细节是这个订单的详细信息,用户要求删除订单,对应的订单细节理所应当也要删除,这里必须设置为级联;如果设置为不执行任何操作,则会出现订单无法删除的情况。当然在业务上是否允许删除订单是另一个问题,要根据用户需求而定。

通过关系图,还可以定义表的主键,方法是选中表中要设置为主键的列,右击,从弹出的菜单中选择"设置主键"命令,如图 4-3-1 所示。

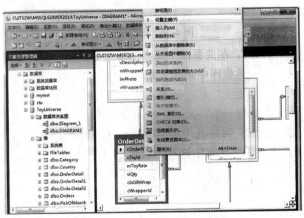

图 4-3-1 在关系图上修改表

从图 4-3-1 中可以看出,通过关系图,还可以完成修改列的数据类型、插入列、删除列等操作。

3. 域完整性的实现

域完整性确保了只有在某一合法范围内的值才能存储到一列中,可以通过限制数据类型、值的范围和数据格式来实施域完整性。在 SQL Server 中可以通过默认(DEFAULT)约束、检查(CHECK)约束、非空(NOT NULL)约束、唯一(UNIQUE)约束来实施域完整性。

(1)默认约束。默认约束为表的某列指定一个默认的数值。当插入数据时,如果这个设置了默认约束的列没有给出值,就使用默认约束中指定的值。一列上只能创建一个默认约束，且该列不能是 IDENTITY 列。

例 4-3-7　在学生性别列上给出一个默认值"男"。

代码如下。

```
CREATE TABLE Student
(
Sno CHAR( 10 ),
Sname VARCHAR( 50 ),
Ssex CHAR( 2 )DEFAULT" 男 ",   /* 创建默认约束，默认值为"男" */
Sage INT
Class VARCHAR( 50 )
)
```

如果表已经存在，但没有指定默认项，则可以用 ALTER TABLE 命令来指定默认项。语句如下。

```
ALTER TABLE Student
ADD CONSTRAINT defSex DEFAULT" 男 "FOR Ssex
```

如果要删除约束，也可以用 ALTER TABLE 命令。语句如下。

```
ALTER TABLE Student
DROP CONSTRAINT defSex
```

如果要在图形下创建 DEFAULT 约束，则需在表设计器中创建。具体方法是：打开表设计器，选择需要设置检查的列，在下面的"列属性"的"默认值或绑定"栏中输入默认值。

默认约束在某些情况下是十分有用的，特别是在一些数值型列上。例如，4 个 INT 型列 A、B、C、D，其中 D=A+B+C。由于 NULL 与任何数进行运算都等于 NULL，如果有一个列的值为 NULL，则结果为 NULL，这显然是不正确的结果。在这些列上设置默认值"0"就能简单地解决这个问题，否则要通过程序判断是否为 NULL 后才能进行计算。

（2）检查约束。检查约束限定一个列的输入内容必须符合约束条件，可以在一列上定义多个检查约束，它们按照定义的次序被实施。当约束被定义成表级时，单一的检查约束可以被应用到多列。

例 4-3-8　学生成绩表中的成绩必须大于等于 0 并且小于等于 100。

程序如下。

```
CREATE TABLE SC(
Sno CHAR( 10 ),
Cno CHAR( 3 ),
Grade int CHECK( Grade>=0 AND Grade<=100 )   /* 创建检查约束 */
)
```

或者

```
CREATE TABLE SC(
Sno CHAR( 10 ),
Cno CHAR( 3 ),
Grade int CHECK( Grade BETWEEN 0 AND 100 )/* 创建检查约束 */
)
```

条件中可以使用 SQL 的任意标量条件表达式，但不能使用子查询。

例 4-3-9　学生表中的性别只能取"男"或"女"。

程序如下。

```
CREATE TABLE Stu(
Sno CHAR( 10 ),
Sname VARCHAR( 50 ),
Ssex CHAR( 2 )CHECK( Ssex IN( '男', '女' ))
```

例 4-3-10　学生表中的学号只能是 6 位数字型字符。

程序如下。

```
CREATE TABLE Stu(
Sno CHAR( 6 )CHECK( Sno LIKE'[0–9][0–9][0–9][0–9][0–9][0–9]' ),
Sname VARCHAR( 50 )
)
```

如果表已经存在，但没有规定检查约束，则可以用 ALTER TABLE 命令来修改表，添加检查约束。语句如下。

```
ALTER TABLE Student
ADD CONSTRAINT chGrade CHECK( Grade>=0 and Grade<=100 )
```

如果要删除约束，也可以用 ALTER TABLE 命令。语句如下。

```
ALTER TABLE Student
DROP CONSTRAINT chGrade
```

注意：对计算列不能做除检查约束外的任何约束。

如果要在图形下创建 CHECK 检查约束，则在表设计器中创建。具体方法是：打开表设计器，选择需要设置检查的列，右击，在弹出的快捷菜单中选择"CHECK 约束"命令，系统弹出"CHECK 约束"对话框，在"CHECK 约束"对话框中的"表达式"后面写上表达式即可。

（3）唯一约束。唯一约束指定一个或多个列的组合值具有唯一性，防止在列中输入重复的值，唯一性约束指定的列可以有 NULL 属性，但 NULL 值也不能重复。由于主关键字值是具有唯一性的，因此主关键字列不能再设置唯一性约束。唯一性约束最多由 16 个列组成。

创建唯一约束有关的规则有：

①可以创建在列级，也可以创建在表级。

②不允许一个表中有两行取相同的非空值。

③一个表中可以有多个唯一约束。

即使规定了 WITH NOCHECK 选项，也不能阻止根据约束对现有数据进行的检查。

例 4–3–11　在学生表的身份证列上创建一个唯一约束。

语句如下。

```
CREATE TABLE Student
(
Sno CHAR( 710 ),
Sname VARCHAR( 50 ),
Ssex CHAR( 2 ),
Sage INT,
Iden CHAR( 18 )UNIQUE,              /* 创建唯一约束 */
Class VARCHAR( 50 )
)
```

例 4–3–12　创建国家（Country）表，规定国家名称不能重复，ID 号为主键。

代码如下。

```
CREATE TABLE Country
(
cCountryId CHAR( 3 )PRIMARY KEY,      /* 主键 */
cCountry CHAR( 25 )NOT NULL UNIQUE   /* 唯一约束，没有指定约束 */
)
```

如果表已经存在，但没有规定唯一约束，则可以用 ALTER TABLE 命令来修改表，添加唯一约束，语句如下。

```
ALTER TABLE Country
ADD CONSTRIANT unqCountry UNIQUE( cCountry )
```

上述命令改正了表 Country，并在 cCountry 上创建了唯一约束，约束的名称为 unqCountry。

如果要删除约束，也可以用 ALTER TABLE 命令，语句如下。

```
ALTER TABLE Country
DROP CONSTRAINT unqCountry
```

当往表中插入元组（行）或修改属性的值时，关系数据库管理系统将检查属性上的约束条件是否被满足，如果不满足则操作被拒绝。

例 4-3-13　创建玩具表，将玩具编号设置为主键，商标编号设置为外键，玩具名称要求具有唯一性，玩具价格设置默认值为 0，玩具价格必须大于等于 0。

代码如下。

```
CREATE TABLE Toys(
cToyIdCHAR( 6 )             PRIMARY KEY,  /* 设置主键 */
vToyName                    VARCHAR( 20 )UNIQUE,  /* 设置唯一约束 */
vToyDescription             VARCHAR( 250 ),
cCategoryId                 CHAR( 3 ),
mToyRate                    MONEY DEFAULT 0 CHECK( mToyRate>=0 ),  /* 默认值为
0 且必须大于等于 0*/
cBrandId            CHAR( 3 )REFERENCES ToyBrand( cBrandId ),  /* 设置外键 */
imPhoto                     IMAGE,
siToyQoh                    SMALLINT,
siLowerAge                  SMALLINT,
siUpperAge                  SMALLINT,
siToyWeight             FLOAT,
vToyImgPath                 VARCHAR( 50 )
)
```

4. 用户自定义完整性的实现

域完整性可以被认为是用户自定义完整性的子集，通过默认约束、检查约束、非空约束、唯一约束实施了用户自定义完整性。除此之外，如果要实现如"销售价格大于等于进货价格"这样的语义要求，可以使用触发器。触发器是实现用户自定义完整性的一种方式。

4.3.2　表中数据的维护

数据表创建好后，可以向表中添加数据、修正数据、删除数据，一般通过应用程序使用 SQL 命令完成。也可以通过可视化界面完成对表中数据的管理，方法为：打开 SQL Server Management Studio，依次展开并选择要管理数据的表，在"表"上右击，在弹出的快捷菜单中选择"编辑前 200 行"命令，在右边的窗口中打开表。

在窗口中可以直接修改数据。如果要删除行，可以选中要删除的行，右击，从弹出的菜单中选择"删除"命令。如果要新增行，可以将要新增的数据输入最后一行中，切换行时数据被输入。

4.4　数据更新

SQL 的数据更新操作有 3 种：向表中添加若干行数据、修改表中的数据和删除表中的若干行数据。在 SQL 中有相应的 3 类操作语句。

4.4.1　SQL 插入数据语句

1. 插入单个元组

插入单个元组的 INSERT 语句的格式为：

INSERT

INTO< 表名 >　[(< 属性名 l>[，< 属性名 2>...])]

VALUES　(< 常量 l>[，< 常量 2>]...)；

语句功能为向指定的表中插入一个新元组，其中属性名列表中指定的该元组的属性值分别为 VALUES 后的对应常量值。如果元组的某些属性在 INTO 子句中没有出现，则新元组在这些属性上将取空值。而在表定义时说明为 NOT NULL 的属性不能取空值，所以需在语句中赋值，否则会出错。如果 INTO 子句中没有指明属性，则 VALUES 子句中新插入的元组必须在每个属性上均有值，且常量值的顺序要与表定义中属性的顺序一致。

例 4-4-1　将一个新的订单细节的一条记录的部分字段值（cOrderNo：100201；cToyId：300205；mTORate：34；siQty：60）插入表中。

INSERT　INTO　OrderDetail(cOrderNo，cToyId，mTORate，siQty)

VALUES('100201'，'300205'，34，60)

为表中插入一条完整的记录，包括表里的所有字段时，可以省略字段名，其中 VALUES 子句中的常量值需与定义表中的字段值对应顺序保持一致。

例 4-4-2　向订单细节表中插入一条记录（'100101'，'330018')。

INSERT　INTO　OrderDetail(cOrderNo，cToyId)

VALUES('100101'，'330018')

根据表的定义，新插入的记录值需要有订单编号、玩具 ID，新记录的其他字段值被系统自动赋为空值。

2. 插入子查询结果

子查询不仅可以嵌套在 SELECT 语句中，用以构造父查询的条件；也可以嵌套在 INSERT 语句中，用以生成要插入的元组数据。插入子查询结果的 INSERT 语句的格式为：

INSERT

INTO< 表名 >[(< 属性名 1>[, < 属性名 2>...])]

子查询；

语句将查询结果中的每一行记录的字段值分别赋予指定表中每一个新元组的指定属性。

4.4.2　SQL 修改数据语句

修改数据的语句格式为：

UPDATE< 表名 >

SET< 属性名 >=< 表达式 >[, < 属性名 >=< 表达式 >]...

[WHERE< 元组选择条件 >]

该语句用于修改指定表中满足选择条件的元组，并将 SET 子句中所列属性的值修改为相应的表达式的值。如果省略 WHERE 子句，则要对表中所有元组的相关属性进行修正。

例 4-4-3　将玩具表中的"乐高积木"玩具数量置零。

UPDATE　Toys

SET siToyQoh=0

WHERE　vToyName =' 乐高积木 '

4.4.3　SQL 删除数据语句

删除数据的语句格式为：

DELETE　FROM< 表名 >

[WHERE< 元组选择条件 >] ；

该语句用于从表中删除满足选择条件的元组。若无 WHERE 子句，则表示删除指定表中的所有元组，但不删除表定义，表定义仍在数据字典中。

4.5　索引

索引是组织数据的一种方式，它可以加快查询数据的速度。对于没有建立索引的数据表，当从表中查询数据时，只能按照表中数据存储的物理顺序，从头开始一条一条地查找，直到检索出所需要的数据为止。显然这种检索效率很低，可以设想一下，如果人们使用的字典没有一定的组织方式，而是随便地将所有的字词编排在整本字典中，那么要想从字典中查找某一个字，将是多么费时的事情。对数据表建立索引，就如同在编写字典时运用了一种组织方式。索引可以基于表的某一字段，也可以基于表的多字段的组合。

4.5.1 索引的类型

T–SQL 提供了两种类型的索引——聚集索引（clustered）和非聚集索引（nonclustered）。

聚集索引是一种物理存储方式。数据表中的数据是根据聚集索引指定的方式或顺序保存在磁盘空间中的，因此一个数据表只能建立一个聚集索引。

非聚集索引是一种逻辑存储方式。索引的次序并不影响数据的物理存储顺序。SQL Server 中通过建立一个页，存放按非聚集索引次序形成的数据次序的指针，指向数据的实际存放地址。一个数据表最多可以建立 249 个非聚集索引。

对聚集索引和非聚集索引的理解，仍然可以以字典为例。字典中字的顺序是以字的拼音顺序编排的，每一个字具有一个固定的页码，这如同聚集索引，可以根据字的发音检索到要查询的字。另外，字典还提供了部首目录，依据部首顺序建立的检字表，同样可以查到要检索的字，检字表中按照部首顺序记录着每一个字在字典中保存的实际页码，这就如同非聚集索引。

4.5.2 建立索引

在创建索引之前，需要考虑权限的问题，因为只有表的拥有者才有权限对表创建索引，而且一个表最多只能创建 249 个非聚集索引。

建立索引的语法为：

CREATE[UNIQUE][CLUSTERED | NONCLUSTERED]INDEX 索引名 ON 表名（字段名 1，字段名 2，…）

其中，UNIQUE 选项的含义为唯一索引，即数据表中任意两行数据在被索引字段上不能存在相同值；CLUSTERED | NONCLUSTERED 选项指定索引类型为聚集索引或非聚集索引。

默认情况下，创建的索引是非唯一的非聚集索引。

建立索引时，必须先建立聚集索引，后建立非聚集索引。因为非聚集索引中指针所指的数据位置是由聚集索引建立后确定的，如果颠倒建立顺序，即先建立非聚集索引，后建立聚集索引，则建立聚集索引后，先前建立的非聚集索引将被重新建立。

例 4–5–1　为玩具表的玩具名称列创建唯一索引 idx_tname。

CREATE UNIQUE INDEX idx_tname ON Toys（vToyName）

唯一约束将确保索引列不包含重复的值。当在玩具表中插入相应的玩具信息时，数据管理系统将会检查所插入的玩具名称信息是否唯一，如果检查到有重复值存在，则不允许插入，起到帮助用户检查的作用。

例 4–5–2　为订单表的订单编号和购物者 ID 列创建组合索引 IDX_OS。

CREATE UNIQUE INDEX IDX_OS
ON Orders（cOrderNo，cShopperId）

4.5.3　设计索引

一个数据表是否需要建立索引，应该建立哪些索引，这是用户使用索引时要考虑的问题。应该在以下字段上建立索引。

（1）经常要查找的字段。

（2）经常要按顺序检索的字段。

（3）经常用于多个数据表连接的字段。

（4）经常用于进行统计计算（如求极值、求和等）的字段。

（5）在查询条件中频繁使用的字段。

如果一个字段中只有几个不同的数据值，或者被索引的字段多于20个字节时，不应该建立索引。

还有以下两点需要注意。

（1）当数据表建立主键后，就自动建立唯一聚集索引。

（2）当数据表使用了唯一约束后，可自动生成一个非聚集索引，但不影响索引数目。

4.5.4　删除索引

删除索引的语法为：

DROP INDEX 表名 . 索引名

注意：使用主键约束和唯一约束建立的索引不能删除。

第 5 章　结构化查询语言及数据查询

结构化查询语言（structured query language，SQL）是一种特殊目的的编程语言，是一种数据库查询和程序设计语言，用于存储数据以及查询、更新和管理关系数据库系统；同时，SQL 也是数据库脚本文件的扩展名。SQL 是高级的非过程化编程语言，允许用户在高层数据结构上工作。它具有完全不同底层结构的不同数据库系统，可以使用同样的结构化查询语言作为数据输入与管理的接口。SQL 语句可以嵌套，这使它具有极大的灵活性和强大的功能。本章主要分为 SQL 的主要特点和构成、数据库单表查询及应用和数据库多表查询三大部分，目的是使读者了解 SQL 并能熟练操作。

5.1　SQL 的主要特点和构成

SQL 是 1974 年由 Boyce 和 Chamberlin 提出的。1975—1979 年，IBM 公司的 San Jose Research Laboratory（圣何塞研究实验室）研发的关系数据库管理系统（RDBMS）原形系统 System R 实现了这种语言。由于 SQL 功能丰富、语言简洁、使用方法灵活，其备受用户和计算机业界的喜爱，被众多的计算机公司和软件公司采用。

从 20 世纪 80 年代以来，SQL 就一直是关系数据库管理系统的标准语言。最早的 SQL 标准是 1986 年 10 月由美国 ANSI 公布的，随后，ISO 于 1987 年 6 月也正式以它为国际标准，并在此基础上进行了补充。到 1989 年 4 月，ISO 提出了具有完整性特征的 SQL，并称之为 SQL–89。SQL–89 标准的公布，对数据库技术的发展和数据库的应用都起了很大的推动作用。尽管如此，SQL–89 仍有许多不足或不能满足应用需求的地方。为此，在 SQL–89 的基础上，经过 3 年多的研究和修改，ISO 和 ANSI 共同于 1992 年 8 月公布了 SQL 的新标准，即 SQL–92（或称为 SQL2）。SQL–92 标准也不是非常完整，1999 年出现了新的 SQL 标准，称为 SQL–99 或 SQL3。

5.1.1　SQL 的特点

SQL 之所以能够被用户和业界所接受，并成为国际标准，是因为它是一个综合的、功能强大且简洁易学的语言。SQL 集数据查询、数据操纵、数据定义和数据控制功能于一身，其主要特点包括如下几点。

1. 一体化

SQL 语言风格统一，可以完成数据库活动中的全部工作，包括创建数据库、定义模式、更改和查询数据以及安全控制和维护数据库等，这为数据库应用系统的开发提供了良好的环境。用户在数据库系统投入使用之后，还可以根据需要随时修改模式结构，并且可以不影响数据库的运行，从而使系统具有良好的可扩展性。

2. 高度非过程化

在使用 SQL 访问数据库时，用户没有必要告诉计算机"如何"去实现，只需要描述清楚要"做什么"，SQL 语言就可以将要求交给系统，然后由系统自动完成全部工作。

3. 简洁

虽然 SQL 功能强大，但它只有几条命令。另外，SQL 的语法也比较简单，它是一种描述性语言，很接近自然语言（英语），因此容易学习、掌握。

4. 以多种方式使用

SQL 可以直接以命令方式交互使用，也可以嵌入程序设计语言中使用，现在很多数据库应用开发工具（如 . net、Java、Delphi 等）将 SQL 直接融入自身的语言当中，使用起来非常便利。这些使用方式为用户提供了灵活的选择余地。而且不管是哪种使用方式，SQL 的语法基本都是一样的。

5.1.2 SQL 的构成

SQL 语言按其功能可分为以下几个部分。

（1）数据定义语言（data definition language，DDL）：实现定义、删除和修改数据库对象的功能。

（2）数据查询语言（data query language，DQL）：实现查找数据的功能。

（3）数据操纵语言（data manipulation language，DML）：实现对数据库数据的增加、删除和修改功能。

（4）数据控制语言（data control language，DML）：实现控制用户对数据库的操作权限的功能。

5.1.3 SQL 语句的结构

所有的 SQL 语句均有自己的格式。每条 SQL 语句均由一个谓词（verb）开始，该谓词描述这条语句要产生动作的 SELECT 关键字；谓词后紧跟着一个或多个子句（clause），子句中给出了被谓词作用的数据或提供谓词动作的详细信息；每一条子句由一个关键字开始。

5.1.4　常用的 SQL 语句

SQL 语句数目、种类较多，其主体由将近 40 条语句组成，如表 5-1-1 所示。

表 5-1-1　常见 SQL 语句

类型	语句	功能
数据操作	INSERT	向数据库表中添加数据行
	UPDATE	更新数据库表中的数据
	DELETE	从数据库表中删除数据行
	ALTER DOMAIN	改变域定义
	DROP DOMAIN	从数据库中删除域
数据查询	SELECT	从数据库表中检索数据
数据控制	GRANT	授予用户访问权限
	DENY	拒绝用户访问
	REVOKE	解除用户访问权限
数据定义	CREATE TABLE	创建一个数据库表
	DROP TABLE	从数据库中删除表
	ALTER TABLE	修改数据库表结构
	CREATE VIEW	创建一个视图
	DROP VIEW	从数据库中删除视图
	CREATE INDEX	为数据库表创建一个索引
	DROP INDEX	从数据库中删除索引
	CREATE PROCEDURE	创建一个存储过程
	DROP PROCEDURE	从数据库中删除存储过程
	CREATE TRIGGER	创建一个触发器
	DROP TRIGGER	从数据库中删除触发器
	CREATE DOMAIN	创建一个数据值域
事务控制	COMMIT	结束当前事务
	ROLL BACK	回滚当前事务
	SAVE TRANSACTION	在事务内设置保存点
程序化 SQL	DECLARE	设定游标
	OPEN	打开一个游标
	FETCH	检索一行查询结果
	CLOSE	关闭游标
	PREPARE	为动态执行准备 SQL 语句
	EXECUTE	动态执行 SQL 语句

创建数据库和数据表的命令其实就是 SQL，属于数据定义语言（DDL）。在使用数据库时用得最多的是数据操纵语言 (DML) 和数据查询语言 (DQL)，DML 包括了最常用的核心 SQL 语句，即 INSERT、UPDATE、DELETE；DQL 是 SQL 中使用最频繁、功能最强大、使用最复杂的语句，即 SELECT 语句。

在使用 SQL 语句时，必要的时候可以对 SQL 语句进行注释。注释对 SQL 语句起到了说明的作用，增强了 SQL 语句的可读性。注释不会作为代码被执行。SQL 中的注释有两种，一种是以符号"—"开头的行注释，意为"—"后的注释文字只能写在一行之内，适用于注释文字较少的状况；另一种是以符号"／＊"开头、以符号"＊／"结尾的段落注释，此时注释可以是一段文字，适用于注释文字较多且需要换行的情况。

5.2 数据库单表查询及应用

数据保存在数据库系统中后，用户根据业务的需要会经常查找数据的状态。例如，进销存系统中，管理员要查询库存产品的数量；人力资源管理系统中，HR 要查询员工的基本信息；学生选课与成绩管理系统中，学生要查询所选修课程的成绩；等等。数据查询是数据库中核心且被频繁执行的操作。

SQL 使用 SELECT 动词完成数据查询，其一般格式为：

SELECT[ALL | DISTINCT]< 目标列表达式 >[, < 目标列表达式 >,]...

FROM< 表名或视图名 > [, < 表名或视图名 >]...

[WHERE< 条件表达式 >]

[GROUP BY< 列名 1>[HAVING< 条件表达式 >]]

[ORDER BY< 列名 2>[ASC | DESC]]

说明："[ ]"中的语句表示可以省略，"|"表示二者选其一。

整个 SELECT 语句的含义是，根据 WHERE 子句的条件表达式，从 FROM 子句指定的基本表或视图中找出满足条件的记录，再按 SELECT 子句中的目标列表达式，选出记录中的列值并形成结果表。如果有 GROUP 子句，则将结果按列名 1 的值进行分组，该列值相等的记录为一个组，通常会在每组中使用聚合函数。如果 GROUP 子句带有 HAVING 短语，则只有满足指定条件的组才予以输出。如果有 ORDER 子句，结果表按列的值升序或降序排列。

SELECT 语句使用灵活，功能丰富，既可以实现简单的单表查询（查询结果来自于同一个表），又可以实现复杂的多表查询（查询结果来自于多个表）。

为了学习的便利，本节使用"学生选课与成绩管理"数据库作为查询示例。该数据库包含 4 个表，结构如下。

学生（学号，姓名，班级，性别，出生年月日，电话，E-mail，所在系，班号，家庭住址，备注）

课程（课程号，课程名，教工编号，课程班号，学时，学分）

选修（学号，课程号，成绩，选修日期）

教师（教工号，教工姓名，教工性别，教工出生年月，职称，教工所在部门）

5.2.1 查询表中的列

SELECT 子句中的目标列表达式，可以是列名的列表，也可以是算术表达式或者函数。

例 5–2–1 查询全体学生的姓名、学号、班级。

SELECT 姓名，学号，班级

FROM 学生

运行结果如图 5–2–1 所示。

从例 5–2–1 可知，查询结果中各个列的先后顺序可以与原表中的次序不一致。

在 SQL Server 数据库中，可以直接在对象资源管理器中将列名拖放到查询界面中，从而简化代码的输入，且避免出错。在例 5–2–1 中，简捷的操作方法为：依次展开"学生选课与成绩管理"数据库→"表"→"学生"→"列"，可见学生表的全部列，如图 5–2–1 所示，用鼠标左键按住"姓名"列不放，将其拖放到查询界面中 SELECT 语句的后面即可。其他列的操作方法相似。

图 5-2-1 例 5-2-1 运行结果

例 5–2–2 查询选修表中学生的学号以及每名学生加 5 分后的成绩。

SELECT 学号，成绩 +5 AS 加分成绩

FROM 选修

例 5–2–2 表示目标列表达式可以是算术表达式。因算术表达式"成绩 +5"不是表中的列，查询结果中该列无列名。为了使查询结果的含义清楚，给该表达式取了列名"加分成绩"，用关键字 AS 引起。

注意：算术表达式可以是由加（+）、减（–）、乘（*）、除（/）等算术运算符连接的简单或复杂表达式。

例 5–2–3 查询每个学生的学号、姓名、班级和出生的年份。

SELECT 学号，姓名，班级，YEAR（出生年月日） AS 出生年份

FROM 学生

运行结果如图 5–2–2 所示。

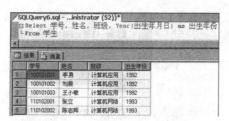

图 5-2-2 例 5-2-3 运行结果

例 5–2–3 表示目标列表达式可以是函数。YEAR 函数语法为 "YEAR(日期表达式)"，该函数返回日期表达式中的年份值。在使用日期函数时，其日期值应在 1753—9999 年，这是 SQL Server 系统所能识别的日期范围，否则会出现错误。

数据库中函数的概念与数学中函数的概念相似。函数包括函数名、参数、返回值等部分，根据函数的定义，将参数代入进行处理，得出的结果即为返回值。在 SQL Server 数据库中内置了一系列的系统函数，可通过查看 SQL Server 联机丛书来学习这些函数。对于不懂的内容，将其选定并按 Shift+F1 组合键可快速打开联机丛书并定位到对该内容的说明部分。

所谓函数的调用，简单地说，就是在 SQL 语句中使用这些函数。在 SQL 语句中调用函数时，需写出函数的名称，如果函数带有参数，则参数写在函数名后的括号中，如 YEAR(出生年月日)。查询语句之间可以使用注释，即以符号 "—" 开头的文字。

5.2.2 消除结果中的重复行

例 5–2–4 查询选修了课程的学生的学号，要求相同的学号在查询结果中只显示一次。学生选修课程的信息保存在选修表中，因此我们很自然地想到使用以下查询语句。

SELECT 学号 FROM 选修

运行结果如图 5–2–3 所示。

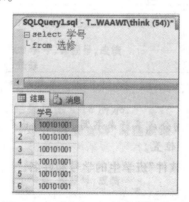

图 5-2-3 例 5-2-4 运行结果 (1)

从图 5–2–3 中可以看出，相同的学号出现了多次，不符合题目的要求，如何删除重复出现的学号呢？此时，需要在 SELECT 语句中指定 DISTINCT 短语。符合题意的查询语句为：

SELECT DISTINCT 学号 FROM 学生

运行结果如图 5-2-4 所示。

图 5-2-4　例 5-2-4 运行结果（2）

注意：如果没有在 SELECT 子句中规定 DISTINCT 短语，则默认为 ALL，即保留结果表中取值重复的行。

5.2.3　查询满足条件的记录

以上两小节中，查询结果将表中的全部数据行按查询需求显示出来。然而在实际应用中，很多查询只需要将表中的部分数据行显示，这就是带有条件的查找。例如，在学生表中查询男生的记录，在选修表中查询选修成绩及格学生的记录等。查询满足条件的记录通过 WHERE 子句来实现。

WHERE 子句常用的查询条件如表 5-2-1 所示。

表 5-2-1　WHERE 子句常用的查询条件

查询条件	谓词
比较	=, >, <, >=, <=, !=, <>, !>, !<
确定范围	BETWEEN...AND..., NOT BETWEEN...AND...
字符匹配	LIKE，NOT LIKE
空值	IS NULL，IS NOT NULL
多重条件	AND，OR

下面分别对以上查询条件的用法进行讲解。请注意，以下实例如无特别指明要查询的列，均表示查询表中的全部列。

1. 比较

需注意，SQL 中部分比较运算符和数学中常用的表示方式不同，如 >=（大于或等于），<=（小于或等于），!=（不等于），<>（不等于），!>（不大于），!<（不小于）。

例 5-2-5　在选修表中查询选修成绩及格的学生记录。

SELECT　*　FROM　选修

WHERE　成绩 >=60

运行结果如图 5–2–5 所示。

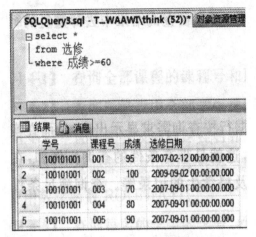

图 5–2–5　例 5–2–5 运行结果

注意：如图 5–2–5 所示，我们往往把一个查询分成多行来书写，若运行出错，则只需双击错误提示，就可以快速定位到错误所在的位置。

2. 确定范围

谓词 BETWEEN...AND... 和 NOT BETWEEN...AND... 用于查询表中某列的值在（或不在）指定范围内的记录，其中 BETWEEN 后是范围的下限（即低值），AND 后是范围的上限（即高值）。

例 5–2–6　在选修表中查找课程成绩为优秀的学生的学号、课程号和成绩（成绩在 90 ～ 100 分的学生为优秀）。

SELECT　学号，课程号，成绩

FROM　选修

WHERE　成绩 BETWEEN 90 AND 100

运行结果如图 5–2–6 所示。

在例 5–2–6 中，若要查询课程成绩不为优秀的学生的学号、课程号和成绩，则查询语句更改为：

SELECT　学号，课程号，成绩

FROM　选修

WHERE　成绩 NOT BETWEEN 90 AND 100

运行结果如图 5–2–7 所示。

图 5-2-6　例 5-2-6 运行结果 (1)

图 5-2-7　例 5-2-6 运行结果（2）

3. 字符匹配

在有些情况下，我们可能不了解查询的具体条件。例如，要查询姓"王"的学生的信息，但不清楚学生的名字；要查询数据库的课程信息，但不知道课程的全称；等等。此类查询需要用字符匹配来实现，字符匹配类似于 Windows 操作系统中的模糊查找。

例 5-2-7　在学生表中查询姓"王"的学生的学号和姓名。

SELECT　学号，姓名

FROM　　学生 WHERE 姓名 LIKE' 王% '

该实例中为实现查询需求，WHERE 子句中使用了谓词 LIKE 加匹配串的格式，字符匹配的一般格式为：

[NOT] LIKE ' 匹配串 '

其含义是查找指定列的值与匹配串相匹配的记录。

各部分的参数解释如下。

（1）匹配串可以为固定字符串或含通配符的字符串。当为固定字符串时，可以用"="运算符取代 LIKE，用"!="或"<>"运算符取代 NOT LIKE。

（2）通配符"%"（百分号）代表任意长度（长度可以为 0）的字符串。例如，a% b表示以 a 开头、以 b 结尾的任意长度的字符串，如 acb、addgb、ab 等都满足该匹配串。

（3）通配符"_"（下画线）代表任意单个字符。例如，a_b 表示以 a 开头、以 b 结尾的长度为 3 的任意字符串，如 acb、afb 等都满足该匹配串。

在其他数据库中可能用其他符号替代"%"和"_"，具体情况可查询相关数据库的帮助文档。

4. 涉及空值的查询

空值是数据库中的一种特殊情况。在实际应用中，如果需要查询某些列为空值的记录，应该如何表示呢？

例 5-2-8　因考试缺考，选修表中有学生的某些课程的成绩为空值，查询成绩为空值的学生的学号和课程号。

SELECT 学号，课程号

FROM 选修

WHERE 成绩 IS NULL

该实例中成绩为空值的表达方式为"成绩 IS NULL"，不能用"成绩 =NULL"替代。若将查询修改为"查询成绩不为空值的学生的学号和课程号"，则查询语句应更改为：

SELECT 学号，课程号

FROM 选修

WHERE 成绩 IS NOT NULL

5. 多重条件查询

如果查询的条件多于一个，称为多重条件查询。例如，查询学生表中计算机应用班的男生信息，查询课程表中学时大于 40 或者学分大于 3 的课程信息等。多重条件查询中使用逻辑运算符 AND 和 OR 来连接多个查询条件，AND 的优先级高于 OR，但可以用括号改变优先级。

例 5-2-9 查询学生表中计算机应用班的男生信息。

SELECT * FROM 学生

WHERE 班级 =' 计算机应用 ' AND 性别 =' 男 '

运行结果如图 5-2-8 所示。

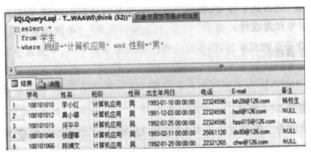

图 5-2-8 例 5-2-9 运行结果

该实例中包括两个查询条件，且两个条件必须同时满足，所以应使用逻辑运算符 AND 将它们连接起来。

例 5-2-10 查询课程表中学时大于 40 或者学分大于 3 的课程信息。

SELECT * FROM 课程

WHERE 学时 >40 OR 学分 >3

运行结果如图 5-2-9 所示。

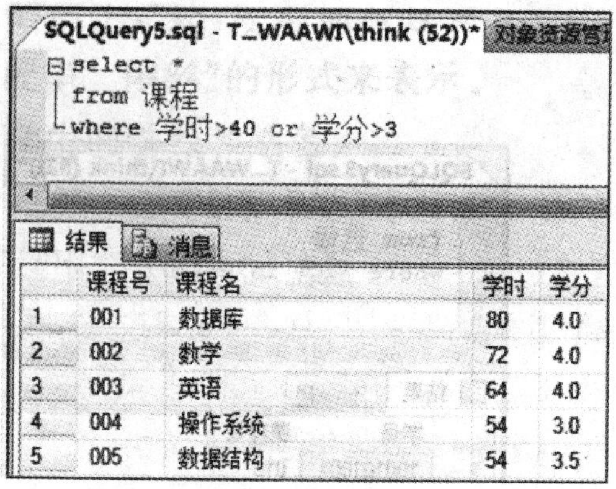

图 5-2-9　例 5-2-10 运行结果

该实例中两个查询条件是"或者"的关系，即满足其中之一即可，所以应使用逻辑运算符 OR 将它们连接起来。

例 5-2-11　在学生表中查询女生的学号和姓名，要求班级为计算机应用或者计算机网络班。

SELECT　学号，姓名

FROM　学生

WHERE　性别 =' 女 'AND　（班级 =' 计算机应用 '　OR　班级 =' 计算机网络 '）

该实例中查询条件包括 3 个，为正确表达查询，使用括号改变了逻辑运算符的优先级。注意，此处"班级 =' 计算机应用 'OR 班级 =' 计算机网络 '"不能写作"班级 =' 计算机应用 'OR' 计算机网络 '"。

5.2.4　对查询结果排序

所谓对查询结果排序，是指根据排序规则，将查询结果按照指定的顺序（升序或者降序）排列显示。排序使用 ORDER BY 子句来实现。

例 5-2-12　查找选修了 001 号课程的学生的学号和成绩，查询结果按成绩升序排列。

SELECT　学号，成绩

FROM　选修

WHERE　课程号 ='001'

ORDER BY　成绩

该实例中子句"ORDER BY 成绩"用于对查询结果按成绩升序排列，实际上完整的语句是"ORDER BY 成绩 ASC"，此处指定升序排列，参数 ASC 可以忽略，因为系统默认按升序排序。

例 5-2-13　查询学生表中的学生信息，查询结果按姓名升序排列。对于同名同姓的学生，再按出生年月降序排列。

SELECT　*

FROM　学生

ORDER BY　姓名，出生年月 DESC

该实例中因指定了两个排序规则，所以在 ORDER BY 子句中从左到右依次写出排序的各列，用逗号隔开。按降序排列，需在列名的后面指明参数 DESC。

5.2.5　查询表中前几条记录

有时要求查找表中前几条记录，这种情况十分常见。

例 5-2-14　查询选修表中成绩在前 5 名的学生。

SELECT TOP 5 *

FROM　选修

ORDER BY　成绩　DESC

运行结果如图 5-2-10 所示。

图 5-2-10　例 5-2-14 运行结果

从例 5-2-14 中可以看到，TOP 子句用于规定要返回的记录的数目。对于拥有数千条记录的大型表格来说，TOP 子句是非常有用的，其用法如下。

SELECT TOP　常数　目标列表达式

FROM　表名

例 5-2-15　查找课程表中前 50% 的记录。

SELECT TOP 50 PERCENT *

FROM 课程

运行结果如图 5-2-11 所示。

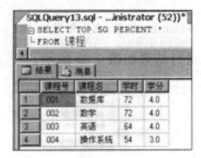

图 5-2-11　例 5-2-15 运行结果

该实例中用 TOP N PERCENT 来表示前 N%条记录，该短语在日常生活中十分普遍，其用法如下。

SELECT TOP N PERCENT 目标列表达式 FROM 表名

5.2.6　使用聚合函数

为了方便用户对数据的汇总和统计，SQL 中提供了一系列聚合函数。本小节介绍常用的聚合函数(如表 5-2-2 所示)的使用方法。其他聚合函数的使用方法读者可参考联机丛书。

表 5-2-2　常用的聚合函数

函数名	说明
COUNT（[DISTINCT |ALL]* ） COUNT（[DISTINCT |ALL]< 列名 >）	统计记录的条数或统计一列中值的个数
SUM（[DISTINCT |ALL]< 列名 >）	计算一列值的总和（此列必须是数值型）
AVG（[DISTINCT|ALL]< 列名 >）	计算一列值的平均值（此列必须是数值型）
MAX（[DISTINCT |ALL]< 列名 >）	求一列中的最大值
MIN（[DISTINCT|ALL]< 列名 >）	求一列中的最小值

函数的参数中如果指定 DISTINCT 短语，表示统计或计算时需要取消列中的重复值；如果不指定 DISTINCT 短语或指定 ALL 短语，则表示不取消重复值，默认值为 ALL。

5.2.7　对查询结果分组

GROUP BY 子句用于将查询结果按表中某一列或者多列的值分组，值相等的分为一组。对查询结果分组的目的是细化聚合函数的作用。如果不进行分组，聚合函数将作用于整个查询结果，分组之后，聚合函数将作用于组，在每个组内进行聚合函数的统计或者计算。例如，统计学生表中男女生各有多少人，先按性别将学生分为两组，在组内分别计算学生的人数。

例 5-2-16 统计学生表中男女生各有多少人。

SELECT 性别，COUNT（学号） AS 学生人数

FROM 学生

GROUP BY 性别

该实例中先通过子句"GROUP BY 性别"将学生分为两组，即男女生各一组，然后将聚合函数 COUNT（学号）作用于每组内，用于统计组内的学生人数。

下面的语句因未使用子句 GROUP BY 进行分组，聚合函数 COUNT（学号）作用于整个查询结果，所以得出的统计结果是学生的总人数。

SELECT COUNT（学号） AS 学生总人数

FROM 学生

如果分组后仍然要求按一定的条件对这些组进行筛选，最终只输出满足指定条件的组，则可以使用 HAVING 短语指定筛选条件。

例 5-2-17 查询选修了 3 门以上课程学生的学号和选修的课程数。

SELECT 学号，COUNT（课程号） AS 课程数

FROM 选修

GROUP BY 学号

HAVING COUNT（课程号）>3

本实例中子句"GROUP BY 学号"将选修表中的记录根据学号进行分组，学号相同的记录放在同一组内，聚合函数 COUNT（课程号）作用于组内，统计同一学号（即同一学生）选修的课程数。"HAVING COUNT（课程号）>3"用于在分组中进行条件筛选，将选修课程数大于 3 的查询结果保留下来，删除其他结果。

5.3 数据库多表查询

在实际的数据查询过程中，大部分需要查询的数据来自于数据库的多个表。比如，查询学生"李明"的成绩，在选课表中只有学号、课程号、分数，但没有学生姓名，而又无法在学生表中找到"李明"的成绩，所以需要先在学生表中找到"李明"，根据"李明"的学号在选课表中找到相应的课程成绩，即涉及两个表。在真正的应用过程中，经常需要在多个表中查询所需的信息，即要使用连接查询、嵌套查询。

5.3.1 连接查询

1. 简化的多表连接查询

连接查询是指在查询时涉及两个或者两个以上的表。基本格式为：

SELECT ＜选择列表＞ FROM 表 1，表 2 [，... 表 n]

[WHERE 子句]

多表连接查询时，由于多个表中会出现相同的字段，因此经常需要为字段名加前缀表以进行区分，但考虑到书写时比较烦琐，会给表起别名加以区分，书写格式为：表名 表别名，表别名通常用字母表示。

例 5-3-1 查询所有学生的姓名、课程名和成绩列。

SELECT x. 姓名，y. 课程名，z. 成绩

FROM 学生 x，课程 y，选修 z

WHERE x. 学号 =z. 学号 AND z. 课程号 =y. 课程号

例 5-3-2 查询"95033"班学生所选课程的平均分。

SELECT y. 课程号，avg(y. 成绩)

FROM 学生 x，课程 y

WHERE x. 学号 =z. 学号 AND and x. 班级 ='95033'

GROUP BY y. 课程号

例 5-3-3 查询成绩高于学号为"100102006"、课程号为"007"的学生的成绩的所有记录。

SELECT x. 课程号，x. 学号，x. 成绩

FROM 选修 x，选修 y

WHERE x. 成绩 =y. 成绩 AND y. 学号 ='100102006' and y. 课程号 ='007'

2. 内连接

内连接是指在两个表的相关字段符合连接条件后，从多个表中查询出符合条件的记录。比较方式有等值连接（=）、不等值连接（>、>=、<=、<、<>）、自然连接（=），其中自然连接会将所查询出的记录中的重复信息删除。

例 5-3-4 查询课程号为"011"而且成绩高于 90 分的学生的学号、姓名、成绩的记录。

SELECT 学生 . 学号，姓名，成绩

FROM 学生 INNER JOIN 选修

ON 学生 . 学号 = 选修 . 学号 AND 成绩 >90

WHERE 选修 . 课程号 ="011"

例 5-3-5 查询选修了"书法"或"演讲与口才"课程的学生的成绩，并且显示学生

的学号、姓名、班级、课程名、成绩字段。

SELECT A.学号，姓名，班级，课程名，成绩

FROM 学生 A JOIN 选课 B

ON A.学号 =B.学号 JOIN 课程 C

ON B.课程号 =C.课程号

WHERE（C.课程名 =" 书法 "OR C.课程名 =" 演讲与口才 "）

3. 外连接

内连接主要用于查询满足条件的记录，但需要查询不满足条件的记录信息时，如查询没有选课的学生的信息时，则需要使用外连接。外连接具体使用在一个表中的数据满足连接条件，而另一个表中的数据不满足条件时。外连接分左外连接、右外连接、全外连接。左外连接是左边表中的记录信息全部被保留，同理，右外连接是右边表中的记录信息全被保留。全外连接是左、右两边表中的记录都被保留，未找到匹配的元组则用 NULL 表示。

例 5-3-6 查询所开设课程的选修情况，同时显示出未被选的课程的信息。

SELECT * FROM 课程 A LEFT JOIN 选课 B

ON A.课程号 =B.课程号

此实例使用的是左外连接，则查询结果中会将课程表中的记录全部保留，当有课程未被选时，即右边表中没有匹配的行，则在查询结果中，右表中相应行的所有显示列的内容均为 NULL。

4. 自连接

前面介绍的连接查询是多个表连接后进行查询，但有时需要将表自己与自己连接查询，即自连接。此连接查询需要为表定义两个别名，而且在引用列时都要使用别名限定。

例 5-3-7 查询与 "张红" 年龄相同的学生的学号、姓名。

SELECT B.学号，B.姓名

FROM 学生 A JOIN 学生 B ON year（A.出生年月 ）= year（B.出生年月 ）

5.3.2 子查询

查询过程中，会出现一些较为复杂的查询，还需用到多层嵌套查询，即用子查询实现。例如，需要查询与 "张强" 同学同一个专业的学生的信息，需要先查询 "张强" 同学所在专业，然后查询此专业的其他学生。实际上类似的情况可以使用嵌套查询完成，即查询的条件是另一个查询语句。

例 5-3-8 查询与 "周明" 同一个地方的学生的记录。

SELECT * FROM 学生 WHERE substring（家庭地址，1，2 ）=

（SELECT substring（家庭地址，1，2 ） FROM

学生 WHERE 姓名 =' 周明 '）

例 5-3-9　查询"张云"同学的成绩信息。

SELECT * FROM 选课

WHERE 学号 =（ SELECT 学号 FROM 学生 WHERE 姓名 =' 张云 '）

例 5-3-10　查询选修了课程号为"021"的课程的学生信息，即结果集中显示姓名、学号等信息。

SELECT * FROM 学生

WHERE 学号 IN　（SELECT 学号 FROM 选课 WHERE 课程号 ='021'）

例 5-3-11　查询选修了"C 语言程序设计"课程的学生的姓名、学号等信息。

SELECT * FROM 学生

WHERE 学号 IN

（SELECT 学号 FROM 选课 WHERE 课程号 =

（SELECT 课程号 FROM 课程 WHERE 课程名 ='C 语言程序设计 '）

第 6 章　视图

视图是数据库中最基本的核心技术，所以对视图的学习很重要。简而言之，视图就是一个包含了大量数据的虚拟表，人们可以通过视图进行有效的数据查询。由于视图的优点表现为视点集中、对操作对象提供有针对性的数据，因此使用视图安全性更高。

本章对视图进行了详细的讲解，主要包括什么是视图，如何进行视图查询，如何删除视图，如何更新视图，以及视图的优点等。

6.1　视图的概念

视图是一个虚拟的表，该表采取了对一个或多个表中一系列的访问，作为对象存储在数据库中。因此，视图是从一个或多个表中派生出数据的对象，这些表称为基表或基本表。

视图可以用作安全机制，保证用户只能查询和修改他们看得见的数据。基本表中的其他数据既不可见，也不能修改。通过视图还可以对复合查询进行简化。

一旦定义了视图，视图就可以像数据库中的其他表一样被引用。尽管视图类似于表，但其中的数据并没有被存储在数据库中，而是从基表中取的值。

视图一经定义便存储在数据库中，与其相对应的数据并没有像基表那样，又在数据库中存储一份，通过视图看到的数据只是存放在基本表中的数据。对视图的操作与对表的操作一样，可以对其进行查询、修改（有一定的限制）、删除。视图也和数据表一样，能成为另一个视图所引用的表。

当对通过视图看到的数据进行修改时，相应的基本表的数据也会发生变化；同时，若基表的数据发生变化，则这种变化也可以自动地反映到视图中。

6.2　视图的管理

视图更新指通过视图来插入、删除和修改数据。对视图的更新要由系统将其转换为对基本表的更新操作。

6.2.1 创建视图

创建视图的语法格式为：

CREATE VIEW <视图名> [<列名 1> [, <列名 2> [, ...]]

[WITH ENCRYPTION]

AS 查询语句

[WITH CHECK OPTION]

（1）列名：视图中使用的列名。

（2）WITH ENCRYPTION：对创建视图的语句进行加密。

（3）WITH CHECK OPTION：在对视图修改时，必须要符合查询语句中所指定的限制条件，这样才能保证在修改后仍然能通过视图看到修改的数据。

6.2.2 插入数据

在学生表中创建的视图中插入数据：

INSERT INTO M_S

VALUES('100201013', ' 黄海 ', '1990-10-15')；

对所创建的视图定义插入记录，相当于对基本表中基本数据的插入。

在 SQL Server 2005 中，若视图定义中未设置 WITH CHECK OPTION，上例的数据会插入基本表中，但是该学生在 SD 属性上为空。由于插入的"黄海"学生系别为空，不满足 M_S 视图的定义，即非数学系的学生，因此，无法在视图中看到该学生的相关信息。

为防止以上情况发生，可以在视图定义中设置 WITH CHECK OPTION。此时，进行更新操作时，DBMS 会检查视图定义中的条件。由于待插入的学生没有系别属性信息，因此不满足视图 M_S 定义的条件，系统会拒绝执行该操作，从而防止用户对视图定义范围外的数据进行更新。例如，插入的"黄海"学生，由于没有指定其为数学系学生，因此无法通过视图 M_S 插入基本表中。

在视图的修改、删除等操作中仍然有理论与实际数据库管理系统不一致的情况出现，本书不再一一阐述。

6.2.3 修改数据

UPDATE M_S

SET SNAME=' 李钧 '

WHERE SID='100102013' ；

加入视图定义中的条件，转换为对基本表的更新：

UPDATE　STUDENT

SET SNAME=' 李钧 '

WHERE　SID='100102013' AND　SZX=' 数学系 ';

6.2.4　删除数据

DELETE，

FROM　M_S

WHERE SID='100102013'

加入视图定义中的条件，转换为对基本表的删除：

DELETE　FROM　S

WHERE　SID='100102013'

需要强调的是，不是所有的视图都是可更新的，对视图的有些更新操作不能有意义地转换成对相应基本表的更新，这些视图就不能进行更新。

例 6-2-1　所建立的视图就不能进行如下更新。

UPDATE　S_AVE

SET　GAVE=95.0

WHERE　SID='100102004'

因为视图中的 GAVE 实际是对表 SC 进行分组后计算得到的平均成绩，是派生域，对视图的修改无法转换为对基本表的修改，即无法通过修改平均成绩来实现修改该学生的各科成绩的目的。

系统对视图的更新通常有如下要求。

（1）由多表导出的视图不允许更新。

（2）若视图的字段来自表达式或常数，则不允许执行 INSERT 和 UPDATE 操作，但允许执行 DELETE 操作。

（3）定义中用到 GROUP BY 子句或聚集函数的视图不允许更新。

（4）建立在一个不允许更新的视图上的视图不允许更新。一般只允许对行列子集视图（含有基表的主键）进行更新。

6.2.5　删除视图

T-SQL 中删除视图的指令格式为：

DROP VIEW 视图名

例 6-2-2　删除"部门 1"视图。

视图被删除后，视图的定义将从数据字典中删除，而由该视图导出的其他视图的定义却仍存在数据字典中，但这些视图已失效。为了避免用户在使用时出错，要用视图删除语句把失效的视图一一删除。同样，在某个基本表被删除后，由该基本表导出的所有视图（定义）虽然没有被删除，但无法使用，需要使用 DROP VIEW 语句删除这些视图（定义）。

6.3　视图的查询

视图定义后，用户可以像对基本表一样对视图进行查询。

例 6-3-1　查询学生的学号和平均成绩。

可基于学生成绩视图 S_GRADE 做如下查询：

SELECT　SID，AVG(FINAL)

FROM　S_GRADE

GROUP　BY　SID;

也可基于平均成绩视图 S_AVE 做如下查询：

SELECT　SID，FINAL

FROM　S_AVE;

DBMS 执行对视图的查询时，首先进行有效性检查，检查查询中涉及的基本表、视图等是否存在。如果存在，则从数据字典中取出视图的定义，把定义中的子查询和用户查询结合起来，转换成等价的基本表的查询，然后进行相应的查询。

本例转换后的查询语句为：

SELECT　SC.SNO，AVG(GRADE)

FROM STUDENT，GRADE

WHERE　STUDENT.SID=GRADE.SID

GROUP　BY　GRADE.SID;

6.4　视图的优点

1. 视点集中

视点集中即使用户只关心其感兴趣的某些特定数据和他们所负责的特定任务。因为只允许用户看到视图中所定义的数据，而不是视图引用表中的数据，所以提高了数据的安全性。

2. 简化操作

视图大大简化了用户对数据的操作。在定义视图时，若视图本身就是一个复杂查询的结果集，这样在每一次执行相同的查询时，就不必重新写这些复杂的查询语句，只要一条简单的查询视图语句即可。因此，视图向用户隐藏了表与表之间的复杂的连接操作。

3. 定制数据

视图能够让不同的用户以不同的方式看到不同或相同的数据集。因此，当有许多不同水平的用户共用同一数据库时，这一功能显得极为便利。

4. 合并分割数据

在有些情况下，由于表中数据量太大，在设计表时常将表进行水平分割或垂直分割，但表的结构的变化会对应用程序产生不良的影响。使用视图可以重新保持原有的结构关系，从而使外模式保持不变，原有的应用程序仍可以通过视图来重载数据。

5. 提高数据的安全性

视图可以作为一种安全机制。通过视图，用户只能查看和修改他们所能看到的数据，其他数据库或表既不可见也不可以访问，不必要的数据或敏感数据不出现在视图中。如果某一用户想要访问视图的结果集，必须获得访问权限。视图所引用表的访问权限与视图权限的设置互不影响。

第 7 章　事务管理

本章对事务的概念以及一个逻辑单元所具备的属性做出了解释，并指出了数据库出现错误状态的原因，介绍了对事务进行恢复的实现技术和策略。同时，对事务的管理进行了简要的说明。

7.1　事务的概念

事务是作为单个逻辑工作单元执行的一系列操作。一个逻辑工作单元必须有 4 个属性，称为原子性、一致性、隔离性和持久性（ACID），只有这样才能成为一个事务。

（1）原子性。即事务必须是原子工作单元。对于其数据修改，要么全都执行，要么全都不执行。

（2）一致性。即事务在完成时，必须使所有的数据都保持状态一致。在相关数据库中，所有规则都必须应用于事务的修改，以保持所有数据的完整性。事务结束时，所有的内部数据结构（如 B 树索引或双向链表）都必须是正确的。

（3）隔离性。即由并发事务所做的修改必须与任何其他并发事务所做的修改隔离。事务识别数据时数据所处的状态，要么是另一并发事务修改它之前的状态，要么是第二个事务修改它之后的状态，事务不会识别中间状态的数据。这称为可串行性，因为它能够重新装载起始数据，并且操作一系列事务，以使数据结束时的状态与原始事务执行的状态一致。

（4）持久性。即事务完成之后，它对于系统的影响是永久性的。该修改即使出现系统故障也将一直保持。

举个例子，从 A 账户向 B 账户转账 100 元，A 要减 100 元，B 要加 100 元。其原子性体现在，A 的减和 B 的加必须作为一个整体来看待，要么全部执行，要么全部不执行。一致性就是，当转账完成时，A 少了 100 元，B 多了 100 元，账目数据保持平衡的正确状态。隔离性是指，假如 A 向 B 转账时（事务 1），B 也正在做另一个转账（事务 2），则要么先完成事务 1 再做事务 2，要么先完成事务 2 再做事务 1，而不能中间插进去。持久性则是转账完成后，账目被永久性地记录下来，不再改变。若事情有误，如 A 转错账，要 B 转回去，这是另一个事务了，并不改变原来转账的记账数据。

一般而言，程序员需要借助数据库系统提供的功能启动事务，让事务所涉及的业务按逻辑完成并执行。若正确执行，则提交事务并完成；若发生错误，则回到事务初始未执行的状态，并取消事务的执行。

事务有 3 种模式：显式、隐式、自动提交。

（1）显式事务。通过 API 函数或 Transact-SQL 中的 BEGIN TRANSACTION 语句来显式启动事务。

（2）隐式事务。通过 API 函数或 Transact-SQL 中的 SET IMPLICIT_TRANSACTIONS ON 语句将隐性事务模式设置为打开。下一条语句自动启动一个新事务，当该事务完成时，下一条 Transact-SQL 语句又将启动一个新事务。

（3）自动提交事务。数据库引擎的默认模式，每个单独的 Transact-SQL 语句都在其完成后提交，不必指定任何语句来控制事务。

7.2 事务的恢复

7.2.1 故障及其错误状态

虽然数据库系统中采取了各种保护措施来防止数据库的安全性和完整性被破坏，保证并发事务的正确执行，但是计算机系统中硬件的故障、软件的错误、操作员的失误以及恶意的破坏等仍是不可避免的，这些故障轻则造成运行事务非正常中断，影响数据库中数据的正确性，重则破坏数据库，使数据库中全部或部分数据丢失，从而导致数据库处于错误状态。数据库可能发生的故障大致可分为以下几类。

1. 事务内部的故障

事务内部的故障有些可以通过事务程序本身来进行预期处理。比如转账事务，可以预见产生某个账户余额不足的情况，定义事务时可以在事件发生时让事务撤销。

事务内部的故障很多是非预期的，不能由事务自身进行处理，如事务执行过程中发生运算溢出（视图用零做除数）、违反了某些完整性约束、并发事务陷入死锁等。因此，系统会强迫发生故障的事务中止。

2. 系统故障

系统故障是指造成系统停止运转的任何事件。例如，特定类型的硬件错误（CPU 故障）、操作系统故障、DBMS 代码错误、突然停电等。

发生系统故障后，系统要重新启动，由于内存是"易失性的"，会造成主存内容，尤其是数据库缓冲区中的内容丢失，所有运行事务都将非正常终止，但不会影响磁盘上的数据库。

3.介质故障

系统故障常被称为软故障（soft crash），介质故障常被称为硬故障（hard crash）。介质故障主要指外存故障，如磁盘损坏、磁头碰撞、瞬时强磁场干扰等，或者是使数据库存储介质完全毁坏的灾难性故障，如数据库所在地发生爆炸或大火以及被恶意破坏等。这类故障比前两类故障发生的可能性小得多，但破坏性更大，会破坏磁盘上的数据库。

当发生故障后，系统所采取的缓冲区管理策略将决定可能产生的错误状态。

事务的执行并不直接访问磁盘中的数据库，对于事务中的每一个 write(X，t) 操作，事务完成对局部变量值的修改操作后，会将值复制给缓冲区中的数据 X。如果数据 X 不在缓冲区中，则首先执行 input(X) 操作，将数据从磁盘读到缓冲区中。最终还必须由缓冲区管理器将缓冲区中的数据 X 更新到磁盘上，即执行 output(X) 操作，但何时执行 output(X) 操作，由缓冲区管理策略决定，如图 7-2-1 所示。

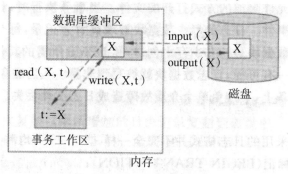

图 7-2-1　事务与磁盘数据的交互

由于内存的缓冲区可能并不足够大，因此某个事务 A 的 write 操作可能需要在事务 A 提交之前完成对数据库的更新，即执行了 output 操作，这可能是为了给另一个事务 B 腾出空间（称为 B 窃取 A 的空间）。此外，在事务提交的时候强制执行 output 操作可能是低效的，例如在 100 个事务连续更新同一个数据库对象的情况下，需要强制写 100 次，而实际上一次就足够了。基于上述原因，实际的事务管理器常采用一种称为窃取/不强制（steal/noforce）的策略，即：

（1）在事务提交之前，事务的部分执行结果可能已被更新到磁盘上的数据库。

（2）事务到达提交点后，并不立即将执行结果更新到磁盘上的数据库。

当系统采取这种窃取/不强制的缓冲区管理策略时，就会导致发生故障后事务可能处于如下错误状态。

（1）发生事务故障后，事务不能正常提交，但夭折的事务的部分执行结果可能已对数据库进行了更新，破坏了事务的原子性。

（2）发生系统故障后，一些夭折的事务的部分执行结果可能已写入磁盘上的数据库，有些已提交的事务对数据库的更新结果可能有一部分甚至全部留在缓冲区中，未能写回到磁盘上的数据库中。所以，系统故障破坏了事务的原子性和持久性。

（3）发生介质故障后，会破坏磁盘上的数据库，已提交的事务对数据库的更新结果将丢失，并影响正在存取这部分数据的所有事务。因此，介质故障会破坏事务的原子性和持久性。

7.2.2 恢复的实现技术

为了记录系统中事务的运行情况及其对数据库的更新，用于发生故障后事务的恢复，以及保存磁盘上的数据，保持事务的持久性，最常用的技术是创建日志文件和对数据进行转储。在一个数据库系统中，这两种方法通常是同时使用的。

1. 日志

在计算机发生事务故障后，系统必须知道已经执行的事务操作信息，从而保证能够完整并正确地进行故障恢复。系统维护了一个日志文件来记录事务对数据库的重要操作，使得数据库的每一个变化都单独记录在日志文件上。

日志是一个允许以附加的方式打开的文件。当事务执行时，日志管理器负责在日志中记录每个重要的事件。日志的每个数据块被填满日志记录，每个日志记录对应于一个事件。日志数据块最初在主存中创建，和 DBMS 所需的其他任何数据块一样，由缓冲区管理器分配。一有可能，日志数据块就被写到非易失性的磁盘等存储介质中，并通常被复制到不同的设备上，以避免单个介质故障造成日志文件丢失。

（1）日志的内容。不同数据库系统采用的日志格式并不完全一样，但日志中均需要包括以下内容。

①事务的开始标记（BEGIN TRANSACTION）。

②事务的结束标记（COMMIT 或 ROLLBACK）。

③事务对数据库的所有更新操作。

日志是由日志记录构成的文件。每当事务执行时，事务的开始和结束状态以及对数据库的更新操作就被记录到日志里，这些记录不允许进行修改或删除。对于更新操作的日志记录，每个日志记录主要包括如下信息。

①事务的标识（标明是哪个事务）。

②操作的数据对象（数据对象的内部标识）。

③更新前数据的旧值（对插入操作而言，此项为空值）。

④更新后数据的新值（对删除操作而言，此项为空值）。

例如，在日志中可由系统自动生成如下形式的日志记录。

[Estart_transaction，T]：事务 T 开始执行。

[commit，T]：事务 T 成功完成。事务 T 对数据库所做的任何更新都应反映到磁盘上。

但是，由于我们不能控制缓冲区管理器何时决定将事务提交结果所在块从主存复制到磁盘，当生成 [commit，T] 日志记录时，不能确定更新是否已经在磁盘上。

[abort，T]：事务 T 异常中止。事务 T 所做的任何更新都不能复制到磁盘上，否则，事务管理器有权消除其对磁盘数据库的更新。

[write，T，X，旧值，新值]：事务 T 已将数据项 X 的值从旧值改为新值。该日志记录是对写入内存的 write 操作做出的反应，更新记录所反映的改变通常发生在主存中，而不是磁盘上。

（2）登记日志的原则。为保证数据库是可恢复的，把日志记录登记在日志文件时必须遵循两条原则。

① DBMS 可能同时处理多个事务，事务 T 产生的日志记录可能和其他事务的日志记录相互交错，在日志文件中登记日志记录时，必须严格按并发事务执行的时间次序进行登记。

②必须先写日志，后写数据库。因为把对数据的修改写到数据库中和把表示这个修改的日志记录写到日志文件中是两个不同的操作，有可能在这两个操作之间发生故障，即这两个写操作只完成了一个。如果先进行了数据库修改，而在运行日志中没有登记这个修改，则无法恢复这个修改。如果先写日志，但没有修改数据库，按日志恢复时只不过多执行一次被撤销事务的恢复操作。

日志先写原则的深层含义包括以下 3 个方面。

①对数据库的更新写入数据库之前，它对应的日志记录必须写入日志。

②一个事务的所有其他日志都必须在它的 COMMIT 日志记录写入日志之前写入日志。

③只有在一个事务的 COMMIT 日志记录写入日志之后，该事务的 COMMIT 操作才能结束。

为将日志记录写到磁盘上，缓冲区管理器需要刷新日志，将以前没有复制到磁盘的日志记录或从上一次复制以来新增加的日志记录复制到磁盘中。

2. 数据转储

日志可以提供针对事务故障和系统故障的数据恢复，为了在发生介质故障导致磁盘上的数据丢失时数据库也能进行恢复，通常还要采用数据转储（也称备份）技术。

数据转储由数据库管理员定期地在某种存储介质（磁带、光盘或其他磁盘）上创建一个与数据库自身分离的数据库备份，并把备份存放在远离数据库的某个安全的地方。这些数据库备份简称为备份，也称后备副本或后援副本。备份保存数据库在转储时的状态。转储是一个长期的过程，十分耗费时间和资源，不能频繁进行。通常避免在每次转储时都复制整个数据库（称为完全转储），而只需要复制上次转储后更新过的数据（称为增量转储）。

数据库管理员应该根据数据库使用情况确定一个恰当的转储周期和转储方式。比如根据转储时系统状态的不同，转储可分为静态转储和动态转储。

（1）静态转储。如果有可能暂时关闭数据库系统，可以进行静态转储。静态转储是在系统中无运行事务时进行的转储。转储必须等待正运行的用户事务结束才能进行，转储期间不允许（不存在）对数据库进行任何存取、修改等操作。新的事务必须等待转储结束才能执行。

静态转储虽然简单，并且能够得到一个与转储时的数据库一致的副本，但是会降低数据库的可用性。

（2）动态转储。大多数数据库系统不能在转储所需要的一段时间（可能是几个小时）内关闭，因此需要考虑动态转储。动态转储是指转储期间允许对数据库进行存取或修改等操作，即转储和用户事务可以并发执行。

动态转储没有静态转储的缺点，它不用等待正在运行的用户事务结束，也不会影响新事务的运行。但是，在动态转储进行的数分钟或数小时中，系统中的事务可能改变磁盘上的许多数据库数据，转储结束时，备份中的数据可能是也可能不是转储开始的值，不能得到与某一数据库状态一致的副本，需要利用备份和转储过程中生成的日志才能把数据库恢复到一致的状态。例如，在转储期间的某个时刻 Tc，系统把数据 A=100 转储到磁盘上，而在下一个时刻 Td，某一事务将 A 改为 200，转储结束后，备份中的 A 已是过期的数据了。

具有增强可靠性设计的 DBMS 实际采用如下一些转储方法来保证数据是可恢复的。

（1）采用磁盘冗余阵列（redundant arrays of independent disk，RAID）技术将数据存储在几个而不是一个磁盘上。最简单的方案是镜像各个磁盘，即根据数据库管理员的要求，DBMS 自动把整个数据库或其中的关键数据复制到另一个磁盘上，保证镜像数据与原始数据的一致性。其中哪个磁盘作数据盘，哪个作冗余盘。凭借另一个磁盘使数据不会因一个磁头损坏或磁盘损坏而丢失，因为已损磁盘的镜像上的数据仍是可读的。此时，数据丢失的唯一可能是在原始数据磁盘损坏、正在被修复的同时，镜像磁盘也损坏了。由于一个磁盘的平均故障时间为 3.4 ～ 9.1 年，所以磁盘同时损坏的概率很小。

（2）数据银行。利用网络把数据传输到远程的安全计算机存储系统——数据银行中。对数据的写操作既要写到本地的存储器中，也要写到远程的数据库中，以防止数据的丢失。

7.2.3　恢复的策略

下面讨论如何利用所建立的冗余数据，即日志和数据库备份，来实施数据库恢复，将数据库恢复到故障前的某个一致性状态。针对不同故障所导致的错误状态，恢复的策略和方法也不一样。

1. 事务故障的恢复

事务故障破坏事务的原子性，导致事务不能正常提交，并且夭折事务的部分执行结果可能已对数据库进行了改变，破坏了事务的原子性。

恢复管理器要在不影响其他事务运行的情况下，强行回滚（ROLLBACK）该事务，即利用日志撤销此事务已对数据库进行的更新，使得该事务像根本没有启动一样，从而保持事务的原子性。这类恢复操作称为事务的撤销（UNDO）。

事务故障的恢复是由系统自动完成的，对用户是透明的。假设事务 T_1 在某一个时刻发生故障，系统进行事务恢复的步骤如下（如图 7-2-2 所示）。

（1）从尾部开始反向扫描日志文件（即从最近写的记录到最早写的记录），查找该事务（T_1）的更新操作（U_1）。

（2）对该事务的更新操作进行逆操作，即将更新记录中"更新前的值"（X_{old}）写入数据库，以防恰好在发生故障前 X 已被修改。假如更新操作是插入操作，则相当于做删除操作（此时"更新前的值"为空）；若是删除操作，则做插入操作；若是修改操作，则用修改前的值代替修改后的值。

（3）继续反向扫描日志文件，执行该事务的其他更新操作，并做同样处理。如此处理下去，直至读到此事务的开始标记（B_1），事务故障恢复步骤就完成了，并在日志文件中添加异常中止记录（A_1）。

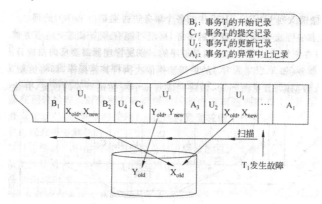

图 7-2-2　事务故障的恢复

2. 系统故障的恢复

发生系统故障后，内存中数据库缓冲区的内容都将丢失，所有运行事务都非正常终止，导致一些尚未完成的事务的部分执行结果产生的对数据库的更新可能已写入磁盘上的数据库；而有些已完成的事务对数据库的更新可能有一部分甚至全部留在缓冲区，尚未写回到磁盘上的数据库中，从而造成数据库处于不一致的状态。

恢复管理器必须在系统重新启动时让所有非正常终止的事务回滚，强行撤销（UNDO）所有未完成事务，保持事务的原子性；重做（REDO）所有已提交的事务，保持事务的持久性，从而使数据库恢复到一致性状态。

系统故障的恢复是由系统在重新启动时自动完成的，不需要用户干预。发生系统故障后，系统进行恢复的步骤如下。

（1）恢复管理器首先要将事务划分为已提交事务和未提交事务。

从头开始正向扫描日志文件，找出在故障发生前已提交的事务（如 T_2、T_4），这些事务在日志文件中既有 BEGIN TRANSACTION 记录，也有 COMMIT 记录，将其事务标识记入重做队列 REDO–LIST。同时找出故障发生时尚未完成的事务（如 T_1、T_3 和 T_6），这些事务只有 BEGIN TRANSACTION 记录，无相应的 COMMIT 记录，将其事务标识记入撤销队列 UNDO–LIST。

（2）对撤销队列 UNDO–LIST 中的各个事务进行撤销（UNDO）处理。

由于日志中可能有多个未提交的事务，甚至可能有多个未提交的事务修改了某数据对象 X，所以在恢复值的顺序上是逆序的。恢复管理器需要反向扫描日志文件，对所有需撤销的事务（如 T_1、T_3 和 T_6）的更新操作依次执行其逆操作，即将更新记录中"更新前的值"写入数据库，最终完成对每个需撤销事务的恢复，并生成其异常中止记录。

（3）对重做队列 REDO–LIST 中的各个事务进行重做（REDO）处理。

由于事务提交生成 [commit，T] 日志记录时，并不能确定更新已经在磁盘上，重做就是让已提交事务对数据库所做的任何更新都反映到磁盘上。恢复管理器需要正向扫描日志文件，对每个需重做的事务（如 T_2、T_4）重新执行日志中所记录的更新操作，即将更新记录中"更新后的值"写入数据库。

3. 具有检查点的系统故障恢复

在前面利用日志文件进行系统故障恢复时，恢复管理器不管日志有多长，都要搜索整个日志文件，检查所有日志记录。这种做法存在两个问题：一是为确定哪些事务需要撤销，哪些事务需要重做，必须搜索整个日志文件；二是很多需要进行重做处理的事务实际上已经将它们的更新操作结果写到磁盘的数据库中了，然而恢复子系统又重新执行了恢复操作。

现在许多 DBMS（如 SQL Server）提供一种检查点（checkpoint）技术实现系统故障的恢复。该技术限制恢复管理器必须回溯的日志文件长度，有效减少重新启动系统时需要恢复的事务，从而减少恢复操作所需的时间和资源。

这类 DBMS 的恢复管理器要定期或不定期地在日志上设置检查点，如每隔一小时建立一个检查点，或按照某种规则建立检查点，如日志文件已写满一半时建立一个检查点。恢复管理器在创建检查点时需将所有磁盘缓冲区的内容刷新到磁盘上，并在日志文件中写入一条检查点记录（以便恢复时使用）。具体所要完成的工作有：

（1）暂时中止现有事务的执行。

（2）将当前日志缓冲区中的所有日志记录写入磁盘的日志文件中。

（3）在日志文件中写入一个检查点记录。检查点记录的内容主要包括：

①记录检查点时刻所有正在执行的事务清单。

②这些事务最近一个日志记录的地址。

（4）将当前数据缓冲区的所有数据写入磁盘的数据库中。

（5）把检查点记录在日志文件中的地址写入一个重新开始文件。重新开始文件用来记录各个检查点在日志文件中的地址。

（6）重新开始执行现有事务。

通过检查点所做的工作使得采用检查点技术可以提高恢复效率。系统出现故障时，恢复管理器将根据事务的不同状态采取不同的恢复策略。

设 DBS 运行时，在 t_c 时刻产生了一个检查点，而在下一个检查点到来之前 t_f 时刻系统发生故障。我们把这一阶段运行的事务分成 5 类（$T_1 \sim T_5$）。

T_1：在检查点之前提交；

T_2：在检查点之前开始执行，在检查点之后、故障点之前提交；

T_3：在检查点之前开始执行，在故障点时还未完成；

T_4：在检查点之后开始执行，在故障点之前提交；

T_5：在检查点之后开始执行，在故障点时还未完成。

根据系统在检查点所做的工作可以确定：

（1）T_1 事务不必恢复。因为它们已经完成，并且对数据库的更新（如 U_1 操作）已在检查点 t_c 时刻写到数据库中。

（2）T_2、T_4 事务需要重做。因为它们对数据库的更新（如 U_4 操作）可能仍在内存缓冲区，还未写到磁盘的数据库中。但是重做 T_2 类事务时，并不需要查看比检查点记录还早的数据（如 U_2），因为它们在检查点前对数据库的更新结果在建立检查点过程中已经被刷新到磁盘。

（3）T_3、T_5 事务必须撤销。因为它们还未提交，在系统崩溃前它们对数据库的更新不能确定是否已写到磁盘的数据库中，所以必须撤销事务可能造成的对数据库的更新（如 U_5 操作）。而且撤销 T_3 类事务时，还要保证其在检查点前已对数据库进行的更新操作（如 U_3 操作）被撤销。

根据系统在检查点所做的工作，以及对各类事务的恢复操作的分析，使用检查点技术进行恢复的步骤如下。

（1）从重新开始文件中找到最后一个检查点记录在日志文件中的地址，由该地址在日志文件中找到最后一个检查点记录。

（2）由该检查点记录得到在检查点建立时刻所有正在执行的事务队列 ACTIVE–LIST（如 T_1、T_2、T_3 事务）。

（3）建立以下两个事务队列。

① UNDO–LIST：需要执行 UNDO 操作的事务集合。

② REDO–LIST：需要执行 REDO 操作的事务集合。

把 ACTIVE–LIST 队列中的事务暂时放入 UNDO–LIST 队列，REDO–LIST 队列暂时

为空。

（4）从检查点开始正向扫描日志文件时，确定需要重做或撤销的事务。

如有新开始的事务 T_i，即遇到事务 T_i 的 BEGIN TRANSACTION 日志登记项，把 T_i 暂时放入 UNDO–LIST 队列；如有提交的事务 T_j，即遇到事务 T_j 的 COMMIT 日志登记项，把 T_j 从 UNDO–LIST 队列移到 REDO–LIST 队列，扫描日志直到日志文件结束。当日志扫描结束时，UNDO–LIST 队列和 REDO–LIST 队列分别标识需要撤销的事务（如 T_3、T_5）以及需要重做的事务（如 T_2、T_4）。

（5）对 UNDO–LIST 队列中的每个事务执行撤销操作；对 REDO–LIST 队列中的每个事务执行重做操作。

上述检查点技术的一个问题是：在建立检查点时其效果相当于必须关闭系统，即没有新事务的产生，现有事务停止执行、不产生日志记录。而这种服务的中断是许多应用程序所不能接受的。因此出现一种称为非静止检查点的操作更复杂的技术。此外，目前的系统还采用一些恢复效率更高的策略，策略中可能先执行重做操作等。在此不进行进一步讨论。

4. 介质故障的恢复

介质故障是最严重的一种故障，最主要的危害是破坏磁盘上的数据库，使得所有已提交的事务的结果不能持久地保存在磁盘上，并影响正在存取这部分数据的所有事务，破坏事务的持久性和原子性。

（1）利用备份进行恢复。备份保存数据库在转储时的状态，当发生介质故障时，数据库就可以被恢复到这一状态。而要想将数据库恢复到离故障发生时更近的状态，就需要使用日志。前提是备份的日志能够保存，并且日志自身在故障之后仍存在。为防止日志丢失，可以在日志刷新到磁盘后就对它进行备份。当出现介质故障，磁盘上的数据和日志都丢失时，可以使用备份的数据和日志进行恢复，至少恢复到日志被转储的那一时刻。

进行恢复的步骤如下。

①根据备份恢复数据库。找到最近的完全转储的备份，并根据它来恢复数据库（即将备份复制到数据库）。如果有后续的增量转储备份，按照从前往后的顺序，根据各个增量转储备份修改数据库。

②利用日志修改数据库。对于静态转储，装入数据库备份后数据库即处于一致性状态。利用日志重做故障前（或日志转储前）已完成的事务，即可将数据库恢复到与故障时刻（或日志被转储时刻）一致的状态。

对于动态转储，装入数据库备份后，还需根据日志文件，通过恢复系统故障的方法，撤销转储结束时未完成事务在数据库备份产生的更新结果，并重做故障前（或日志转储前）已完成的事务，将数据库恢复到与故障时刻（或日志被转储时刻）一致的状态。

利用备份和日志文件进行恢复时，没有必要对转储结束后到故障发生前还在运行的事务进行撤销处理，因为这些事务对数据库进行的更新随着磁盘的损坏已丢失，相当于已被"撤销"了。

利用备份进行介质故障的恢复需要 DBA 的介入，但 DBA 只需要重装最近转储的数据库备份（离故障发生时刻最近的转储备份）和有关的日志文件备份，然后执行系统提供的恢复命令即可，具体的恢复操作仍由 DBMS 完成。

（2）利用数据库镜像进行恢复。对于提供数据库镜像用于数据库恢复的 DBMS，一旦出现介质故障，可由镜像磁盘继续为应用提供数据支持，同时自动利用镜像磁盘数据对数据库进行恢复，不需要关闭系统和重装数据库备份。在没有出现故障时，镜像数据也可为原始数据上的并发事务操作提供支持，提高事务的并发程度。

7.3 事务的管理

事务（transaction）是一个工作单元。通过事务能将逻辑相关的操作绑定在一起，从而保证数据的完整性。例如一个库存管理系统，当发生一次出库行为时，在增加了（insert 命令）一个出库记录的同时，还必须对该物品的库存数进行更新（update 命令），这两个命令必须全部正确执行，才能保证数据库中数据的正确性。如果只执行了其中一条命令，将出现数据库中数据与实际数据不一致的情况，即数据库中出现错误数据。事务的特点是要么全部完成，要么一个都不做。

SQL Server 中提供了一系列机制保证事务的完整性。其实 SQL Server 中的每一条命令都是一个隐式事务，如对期刊采编数据库 MagDb 中的数据表 mag_dept 执行以下命令：

insert into mag_dept（DepName，DepManager，Tel）values（排版部，'王娟娟'，68981500）

命令中 DepName 对应的数据"排版部"是字符型，而命令中未加定界符单引号，因此语句发生错误，整个命令都不执行，即使 DepManager 和 Tel 数据没有错误，也不会被写入数据库中。

如果需要将若干 SQL 命令作为一个事务，可通过以下语句定义：

begin[transaction | tran]

SQL 语句组

commit[transaction | tran]

其中，begin transaction 表示事务的开始；commit transaction 表示提交事务。begin transaction 中的 transaction 必须书写（可以采用简写 tran），而 commit transaction 中的 transaction 可以省略（可以采用简写 tran）。

用户定义的事务也称为显式事务，它使得用户可以控制事务管理。应注意的是：所有显式事务都应包括在 begin transaction 和 commit transaction 之间。

用户可以在 commit transaction 之前用 rollback transaction 来取消事务并撤销对数据所做的任何改变，命令如下：

rollback[{transaction | tran}][保存点名称]

其中可以通过保存点名称标记事务回滚的保存点。保存点是用户放在事务中的一个标记，它指明能回滚的点。若没有保存点，rollback transaction 子句将回滚到 begintransaction 处。用 rollback transaction 子句可以随时取消或回滚事务，但在其提交之后就不能取消它。

保存点定义方法为：

save tran[saction] 保存点名称

如果某一事务成功，则在该事务中进行的所有数据更改均会被提交，成为数据库中的永久组成部分。如果事务遇到错误且必须取消或回滚，则数据库中所有数据的更改均被清除。

第8章 数据库的存储过程与触发器

本章分为存储过程和触发器两部分，其中，存储过程部分主要对创建和执行存储过程前应考虑的问题进行了列举，并对如何修改和删除存储过程进行了详细的讲解。此外，指出了将事务写入存储过程的好处。触发器部分介绍了触发器的概念，对两种触发器分别进行了讲解并进行对比，同时讲解了如何查看、修改和删除触发器。

8.1 存储过程的创建与执行

SQL Server 2008 提供了一种方法，可以将一些固定的操作集中起来，由 SQL Server 数据库服务器来完成，以实现某个任务，这种方法就是存储过程。存储过程是一套已经编译好的 SQL 语句，允许用户进行声明变量、输出参数、返回单个或者多个结果集以及返回值。存储过程存在于数据库内，可由应用程序调用执行，是一种可以重复使用、便于维护和高效的数据库对象。

在 SQL Server 中，存储过程分为两类：系统提供的存储过程和用户自定义的存储过程。

1. 系统存储过程

系统存储过程是 SQL Server 系统创建的存储过程，它的作用在于能够快捷地完成更新与数据库表相关的管理任务或其他的系统管理任务。系统存储过程可以在任意一个数据库中执行。系统存储过程创建并存放于系统数据库 master 中，其名称以 sp_ 或者 xp_ 开头。

2. 用户自定义的存储过程

用户自定义的存储过程是用户创建的，由若干 SQL 命令组所组成的程序。

8.1.1 存储过程的优点

存储过程是存储在固定存储区域的一组 Transact-SQL 语句，其执行结果和普通的 SQL 语句的执行结果一样，那么使用存储过程来操作数据库对象有什么优点呢？介绍如下。

（1）存储过程实现了模块化编程。存储过程一旦创建成功，就会存储在数据库中，可以在应用程序中反复调用，所以通过它去实现一些例行操作是很方便的。存储过程的创建和维护操作由专人负责，由于各个用于完成特定操作的存储过程会独立放置，因此修改过程也不会影响应用程序的代码。

（2）执行速度快。普通的 SQL 语句在执行的时候要先由系统编译，然后才能执行，每一句都要编译后执行。但是存储过程是固定的 SQL 语句组合，在完成存储过程创建的时候就已经对 PL/SQL 进行编译，存储过程一旦开始执行，便会在内存中保留一份，当再次执行相同的存储过程时，可直接从内存中调用，以后每一次执行此存储过程的时候不再需要重新编译，加快了程序运行速度，同时简化了客户端编程，提高了开发效率，减轻了服务器端的负担。

（3）存储过程更适用于复杂数据库的操作。对于复杂的数据库,如果通过查询来完成，就变成了一条条的 SQL 语句，则需要多次连接数据库。而存储过程可以一次执行多条语句，所以它可以一次对多个数据表同时进行操作，在实际使用的过程中，往往将比较复杂的操作封装起来，只需将数据库连接一次即可，这样可有效提高数据库的操作效率，一般会将存储过程和数据库提供的相关事务处理结合使用。如果用程序来完成，就变成了一条条的 SQL 语句，可能也要多次连接数据库。

（4）有效降低网络负载。在对数据库进行操作时，每执行一条 SQL 语句，需要先将语句从客户端发送到服务器，由服务器执行语句，再将每一条语句的执行结果反馈给客户端，结果就是网络传输量大、网络负载高。而存储过程可以存储在服务器的数据库，不需要每一条语句都通过网络进行传送,也不用将每一条语句的执行结果由服务器传给客户端，服务器和客户机之间的网络传输量因此会大大减少，有效降低了网络负载。

（5）有效提高完整性。触发器是一种特殊的存储过程，通过触发器对数据表进行操作的时候，系统会强制性要求完整性检查，从而增强系统安全性，有利于维护数据的完整性。同时，存储过程允许模块化设计，一旦创建，就可以在程序中被任意调用，大大增强了程序的可维护性。

（6）存储过程可以有效增强安全性。

①系统管理员可以对执行的某一个存储过程进行权限限制，避免非授权用户对数据的访问。②在通过网络调用过程时，只有对执行过程的调用是可见的。因此，恶意用户无法看到表和数据库对象名称、嵌入自己的 Transact–SQL 语句或搜索关键数据。③存储过程的设计允许参数化，因此可以在存储过程的设计中对参数进行判断，以检查是否合法，使用过程参数有助于避免 SQL 注入攻击。因为参数输入被视作文字值而非可执行代码，所以攻击者将命令插入过程内的 Transact–SQL 语句并损害安全性将更为困难。④可以对过程进行加密，这有助于对源代码进行模糊处理。

8.1.2　创建存储过程

在创建存储过程前，应考虑以下问题。

（1）创建存储过程的权限默认属于数据库所有者,该所有者可将此权限授予其他用户。

（2）存储过程是数据库对象，其名称必须遵守标识符规则。

（3）只能在当前数据库中创建存储过程。

创建存储过程时，需要确定存储过程的 3 个组成部分。

（1）所有的输入参数以及传给调用者的输出参数。

（2）被执行时针对数据库的操作语句，包括调用其他存储过程的语句。

（3）返回给调用者的状态值，以指明调用是成功还是失败。

T–SQL 中创建存储过程的语法为：

CREATE PROC[EDURE] 过程名

[@ 参数名 参数类型 [= 默认值][OUTPUT]...]

AS SQL 语句组

其中，SQL 语句组是存储过程中要包含的任意数目的 Transact–SQL 语句。

8.1.3　执行存储过程

T–SQL 中执行存储过程的语法为：

EXEC [UTE] 过程名

[[@ 参数名 =][参数][默认值][OUTPUT]...]

其中，过程名用于指定要创建的存储过程的名称。参数类型用于指定参数的数据类型。在 Create procedure 语句中可以声明一个或多个变量，参数前加"@"说明参数为局部变量，参数前加"@@"说明参数为全局变量。默认值用于表示指定参数的默认值。OUTPUT 选项表明该参数是一个返回参数。

8.2　存储过程的应用

在实际应用中，由于用户可以直接调用系统存储过程，因此，用户如果有自己的实际需求，都要创建相应的存储过程。存储过程中可以包含执行各项数据库操作的语句，分为不带参数的和带参数的存储过程，但带参数的存储过程是常用的。下面将通过具体实例介绍。

例 8–2–1　创建存储过程"根据所在系显示信息"，当输入所在系的具体值时，该存储过程会根据输入的值显示信息。若不输入具体的系名称，则使用默认值"信息值"。

CREATE PROCEDURE P_SZX

@SZX CHAR(10)="信息值"

AS SELECT * FROM STUDENT WHERE SZX="中文系"

执行语句：

EXEC P_SZX "经济系"

执行的结果是查询出"经济系"的学生信息，如果想查询其他系的学生信息，一种方法是按照各种要求，依次建立各系的存储过程，如"体育系""中文系"等，但是这样会很烦琐。还有另一种方法，即建立带有参数的存储过程，将权限的取值定义为参数，使之具有通用性。

例8–2–2 建立一个名为"SZXB"的存储过程，查询各个系部所有学生的情况。

分析：

（1）将要查询的具体的系部设计为一个参数"@SZXB"。

（2）将此参数作为参数值赋值给相应的字段。

（3）该存储过程根据参数"@SZXB"的不同取值查询相应的记录。

（4）执行该带参数的存储过程，根据查询需要，多次调用存储过程进行查询。

```
CREATE PROCEDURE P_SZXB
@SZXB CHAR( 10 )=' 信息系 '
AS SELECT * FROM STUDENT WHERE SZX=@SZXB
```

执行语句：

```
EXEC P_ZZMM   ' 经济系 '
```

或者可以写为：

```
EXEC EXP_ZZMM @SZXB=' 经济系 '
```

例8–2–3 使用 STUDENT 数据库中的学生表、选课表、课程名称表，创建一个带参数的存储过程 P_CJCX。该存储过程的作用是：当任意输入一个学生的姓名时，将从 3 个表中返回该学生的学号、选修课程名称和课程成绩。然后执行 P_CJCX 存储过程，查询"李晓婷"的学号、选修课程名称和课程成绩。

```
CREATE PROCEDURE P_CJCX
@XM CHAR( 8 )
AS
SELECT STUDENT.SID，CNAME，FINAL
FROM STUDENT，SCORE，COURSE
WHERE STUDENT.SID=SCORE.SID
AND SCORE.COURSENO=COURSE.COURSENO   AND   SNAME=@XM
```

执行语句：

```
EXEC P_CJCX @XM=' 李晓婷 '
```

例8–2–4 在教学管理系统中，有选修表（grade）、学生表等。期末考试结束后，任课教师将学生的成绩录入学院平台的成绩系统中，在后期，教师还会查询自己所授课班级学生的成绩，如以课程班号"C1021804"为例，用存储过程进行查询。为根据课程班号灵活地查询学生成绩，需在存储过程中引入一个参数。

```
CREATE PROC P_GRADE @C_CLASSID CHAR（8）
AS
SELECT GRADE.SID，SNAME，FINAL
FROM GRADE AS G，STUDENT AS S
WHERE G.SID=S.SID AND C_CLASSID=@C_CLASSID
```

执行语句：

```
EXEC P_GRADE  @C_CLASSID= 'C1021804'
```

例 8-2-5　考试成绩公布后，需要根据学生所选课的课程号对课程班成绩的等级进行自动划分。

```
CREATE PROCE P_GRADE_LEVEL_SET @C_CLASSID CHAR（10）
AS
SELECT GRADE.SID AS 学号，SNAME  AS 姓名，FINAL AS 分数，
CASE
WHEN T_SCORE<60 THEN '不合格'
WHEN T_SCORE>=60 AND T_SCOREE<70 THEN '合格'
WHEN T_SCORE>=70 AND T_SCORE<80 THEN '中等'
WHEN T_SCORE>=80 AND T_SCORE<90 THEN '良好'
WHEN T_SCORE>=90 AND T_SCORE<=100 THEN '优秀'
END AS '等级'
FROM GRADE ，STUDENT
WHERE GRADE.SID=STUDENT.SID AND C_CLASSID=@C_CLASSID
ORDER BY T_SCORE DESC
```

执行语句：

```
EXEC P_GRADE_LEVEL_SET @C_CLASSID="C1021804"
```

例 8-2-6　带输出参数的存储过程的应用：创建在添加学生记录时，学号有自增功能的存储过程。

```
CREATE PROC P_AUTOSID
@CID CHAR（6），@NEW_SID CHAR（8）OUTPUT
AS
DECLARE @MAX_SID CHAR（8），@CHAR_TWOSID CHAR（2），@INT_TWOSID INT
SET @MAX_SID=（SELECT MAX（SID）FROM STUDENT WHERE CLASSID=@CLASSID）
```

```
IF @MAX_SID IS NULL
SET @NEW_SID=@CLASSID+ "01"
ELSE
BEGIN
SET @CHAR_TWOSID=RTRIM( @MAX_SID，7，2 )
SET @INT_TWOSID=CONVERT( INT，@CHAR_TWOSID )+1
SET @CHAR_TWOSID=CONVERT( CHAR，@INT_TWOSID )
IF LEN( @CHAR_TWOSID )=1
SET @CHAR_TWOSID= "0"+@CHAR_TWOSID
ELSE
SET @NEW_SID=@CLASSID+@CHAR_TWOSID
END
```

执行此存储过程的语句：

```
DECALRE @GET_SID CHAR( 8 )
EXEC P_AUTOSID '180201'，@GET_SID OUPUT
SELECT @GET_SID　AS NEWSID
```

存储过程作为使用数据库的常见方法，不仅可以将复杂数据库的操作简单化，而且可以有效提高数据库的安全性，提升数据库操作的效率，减少网络流量和服务器的负载。同时，由于存储过程给用户提供了接口，用户可以用其他语言进行编程，实现对数据库的操作，有效扩展了数据库系统的使用方法。在实际的系统开发和数据库应用中，由于引入了存储过程，开发者的编程效率得到了大大的提高。

存储过程带来的好处是显而易见的，其提高了数据库与应用系统的交互性能，但是在使用的时候，存储过程并非越多越好，主要原因是如果应用系统的设计逻辑发生变更，修改存储过程也是比较麻烦的，所有涉及相关数据表的地方都要重新进行设计，这种情况下修改存储过程没有修改 SQL 灵活，所以在实际工作中，要根据具体情况和实际工作经验来确定如何编写存储过程。

8.3　存储过程的管理

存储过程创建好后，必要的时候需要对其进行修改、删除。例如，需要修改其中的语句或参数。修改存储过程时，将更改过程或参数定义，但将保留对此存储过程定义的权限，并且不会对任何相关的存储过程有影响。在不需要存储过程时可将其删除，以节省存储空间。

8.3.1　修改存储过程

存储过程可以根据用户的要求或者随基表定义的改变而改变。使用 ALTER PROCEDURE 语句可以更改先前通过执行 CREATE PROCEDURE 语句创建的过程，但不会更改权限，也不影响相关的存储过程或触发器。其语法形式为：

ALTER PROC[EDURE] 过程名

[@ 参数名 参数类型 [= 默认值][OUTPUT]...]

AS SQL 语句组

例 8–3–1　在 STUDENT 数据库中创建了一个名为 P_MYP1 的存储过程，该存储过程的作用是显示 STUDENT 中的全部记录。修改 P_MYP1，使其功能成为显示 STUDENT 中某年出生的学生信息，然后测试，查看 1989 年出生的学生信息。

分析：

（1）利用 ALTER PROCEDURE 命令修改存储过程的定义。

（2）利用查询语句查询出满足条件的学生信息。

（3）将查询的出生日期以参数形式赋值。

ALTER PROCEDURE P_MYP1

@CSNF CHAR（4）

AS SELECT * FROM STUDENT WHERE YEAR（BIRTHDAY）=@CSNF

EXEC P_MYP1 @CSNF='1989'

8.3.2　删除存储过程

删除存储过程可以使用 DROP 命令。DROP 命令可以将一个存储过程、多个存储过程或者存储过程组从当前数据库中删除，其语法形式为：

DROP PROC[EDURE]　存储过程名组

删除存储过程时，可以同时删除多个存储过程。

DROP PROC P_AUTOSID，P_MYP1

8.4　触发器的创建

前面介绍了一般意义上的存储过程，即用户自定义的存储过程和系统存储过程。本节将介绍一种特殊的存储过程，即触发器。下面将对触发器的概念、作用以及其使用方法做详尽介绍，并介绍如何创建和使用各种不同复杂程度的触发器。

8.4.1　触发器的概念

触发器是一种特殊类型的存储过程，不同于前面介绍过的存储过程。触发器是 SQL Server 提供的除约束以外的另一种保证数据完整性的方法，可以实现约束不能实现的更复杂的完整性要求。触发器主要是通过事件进行触发而被执行的，而存储过程可以通过存储过程名字而被直接调用。

触发器的主要作用是能够实现由主键和外键所不能保证的复杂的参照完整性和数据的一致性。除此之外，触发器还有许多其他的功能。

（1）强化约束。触发器能够实现比 CHECK 语句更为复杂的约束。

（2）跟踪变化。触发器可以侦测数据库内的操作，从而能够禁止数据库中未经许可的更新和变化。

（3）级联运行。触发器可以侦测数据库内的操作，并自动地级联影响整个数据库的各项内容。例如，某个表上的触发器中包含对另外一个表的数据操作（如删除、更新、插入），而该操作又导致该表上的触发器被触发。

（4）存储过程的调用。为了响应数据库更新，触发器可以调用一个或多个存储过程，甚至可以通过外部过程的调用而在 DBMS 本身之外进行操作。

所以，触发器可以解决高级形式的业务规则或进行复杂行为限制，以及实现定制记录等一些方面的问题。例如，触发器能够找出某一个表在数据修改前后状态的差异，并根据这种差异进行一定的处理。此外，一个表的同一类型（INSERT、UPDATE、DELETE）的多个触发器能够对同一种数据操作采取多种不同的处理。

SQL Server 支持 3 种类型的触发器：DML 触发器，数据库中发生数据操作（DML）事件时自动执行；DDL 触发器，服务器或数据库中发生数据定义（DDL）事件时自动执行；登录触发器，与 SQL Server 实例建立用户会话时自动执行。

8.4.2　DML 触发器

DML 触发器是数据库操作中常用的一种触发器。当对某一个表进行 UPDATE、INSERT、DELETE 这些操作时，SQL Server 就会自动执行触发器所定义的 SQL 语句，从而确保对数据的处理必须符合由这些 SQL 语句所定义的规则。

1. DML 触发器的种类

SQL Server 支持 AFTER 触发器和 INSTEAD OF 触发器两种类型的 DML 触发器。其中 AFTER 触发器为 SQL Server 2014 版本以前所介绍的触发器，该类型触发器只有执行某一操作（INSERT、UPDATE、DELETE）之后才被触发，且只能在表上定义，可以为针对表的同一操作定义多个触发器。对于 AFTER 触发器，可以定义哪一个触发器被最先触发，哪一个被最后触发，通常使用系统过程 sp_settriggerorder 来完成此任务。INSTEAD OF 触发器表示并不执行其所定义的操作（INSERT、UPDATE、DELETE），仅执行触发器本身。既可在表上定义 INSTEAD OF 触发器，也可以在视图上定义 INSTEAD OF 触发器，但针对同一操作只能定义一个 INSTEAD OF 触发器。

2. 插入表和删除表

每个 DML 触发器执行的时候，都会产生两个特殊的表：插入表（inserted）和删除表（deleted）。这两个表都是逻辑表，并且是由系统管理的，存储在内存中，而不是存储在数据库中，因此不允许用户直接对其修改。这两个表的结构与被该触发器作用的表有相同的表结构。这两个表是动态驻留在内存中的，触发器工作完成，这两个表也就会被删除。这两个表主要保存因用户操作而被影响的原数据值或新数据值。另外，这两个表是只读的，即用户不能向这两个表写入内容，但可以引用表中的数据。

下面详细介绍这两个表的功能。表 inserted 中包含插入触发器所在表的所有记录的拷贝，表 deleted 中包含从触发器所在表中删除的所有记录的拷贝。不论何时，只要发生了更新操作，触发器将同时使用表 inserted 和 deleted。

（1）插入表（inserted）。对一个定义了插入类型触发器的表来讲，一旦对该表执行了插入操作，那么对该表插入的所有行来说，都有一个相应的副本存放到插入表中，即插入表用来存储向原表插入的内容。

（2）删除表（deleted）。对一个定义了删除类型触发器的表来讲，一旦对该表执行了删除操作，则将所有的删除行存放至删除表中。这样做的目的是，一旦触发器遇到了强迫它中止的语句，删除的那些行可以从删除表中得到恢复。

更新操作包括两部分，即先将更新的内容删除，然后将新值插入。因此对一个定义了更新类型触发器的表来讲，当对表执行更新操作时，在删除表中存放了旧值，然后在插入表中存放新值。

注意：触发器仅当被定义的操作被执行时才被激活，即仅当在执行插入、删除和更新操作时，触发器才执行。每条 SQL 语句仅能激活触发器一次。可能存在一条语句影响多条记录的情况。在这种情况下，需要变量 @@rowcount 的值，该变量存储了一条 SQL 语句执行后所影响的记录值，可以使用该值对触发器的 SQL 语句执行后所影响的记录求合计值。一般来说，首先要用 IF 语句测试 @@rowcount 的值，以确定后面的语句是否执行。

3. 触发器嵌套

当某一触发器执行时，能够触发另外一个触发器，这种情况称为触发器嵌套。如果不需要嵌套触发器，可以通过 sp_configure 选项来进行设置。

DML 和 DDL 触发器都是嵌套触发器，都可以启动其他触发器。DML 触发器和 DDL 触发器最多可以嵌套 32 层，可以通过 nested triggers 服务器配置选项来控制是否嵌套

AFTER 触发器。但不管此设置为何，都可以嵌套 INSTEAD OF 触发器。

在执行过程中，如果一个触发器需要修改某个表，而这个表已经有其他触发器，这时就要使用嵌套触发器。

4. 用 T–SQL 语言创建 DML 触发器

用 CREATE TRIGGER 命令创建 DML 触发器，其语法为：

CREATE TRIGGER trigger_name

ON{table | view}

{[WITH ENCRYPTION]}

{{FOR | AFTER |INSTEAD OF}{[INSERT][，][UPDATE][，][DELETE]}

{[NOT FOR REPLICATION]}

AS

{sql_statement[...n]}

各参数意义如下。

（1）trigger_name：触发器的名称。触发器名称必须符合标识符规则，并且在数据库中必须唯一，可以选择指定触发器所有者名称。

（2）table | view：在其上执行触发器的表或视图，有时称为触发器表或触发器视图。可以选择是否指定表或视图的所有者名称，视图上不能定义 FOR 和 AFTER 触发器，只能定义 INSTEAD OF 触发器。

（3）WITH ENCRYPTION：加密 syscomments 表中包含 CREATE TRIGGER 语句文本的条目。

（4）FOR | AFTER：指定触发器只有在触发 SQL 语句中指定的所有操作都已成功执行后才激发。所有的引用级联操作和约束检查也必须成功完成后，才能执行此触发器。如果仅指定 FOR 关键字，则 AFTER 是默认设置，不能在视图上定义 AFTER 触发器。

（5）INSTEAD OF：指定执行触发器而不是执行触发 SQL 语句，从而替代触发语句的操作。在表或视图上，每个 INSERT、UPDATE 或 DELETE 语句最多可以定义一个 INSTEAD OF 触发器。INSTEAD OF 触发器不能在 WITH CHECK OPTION 的可更新视图上定义。如果向指定了 WITH CHECK OPTION 选项的可更新视图添加 INSTEAD OF 触发器，SQL Server 将产生一个错误，用户必须用 ALTER VIEW 删除该选项后才能定义 INSTEAD OF 触发器。

（6）{[DELETE][，][INSERT][，][UPDATE] }：指定在表或视图上执行哪些数据修改语句时将激活触发器的关键字，必须指定一个选项。在触发器定义中允许使用以任意顺序组合的这些关键字；如果指定的选项多于一个，需用逗号分隔这些选项。

（7）NOT FOR REPLICATION：表示当复制进程更改触发器所涉及的表时，不能执行该触发器。

（8）AS：触发器要执行的操作。

（9）sql_atement：包含在触发器中的条件语句或处理语句。触发器的条件语句定义了另外的标准来决定将被执行的 INSERT、DELETE、UPDATE 语句是否可以激活触发器。

8.4.3　DDL 触发器

DDL 触发器和 DML 触发器的用处不同。DML 触发器在 INSERT、UPDATE 和 DELETE 语句上操作，并且有助于在表或视图中修改数据时加强业务规则，扩展数据完整性。

DDL 触发器对 CREATE、ALTER、DROP 和其他 DDL 语句以及执行 DDL 的存储过程执行操作。它们用于执行管理任务，并强制影响数据库的业务规则。它们应用于数据库或服务器中某一类型的所有命令。

可以使用与操作 DML 触发器相似的 T–SQL 语法创建、修改和删除 DDL 触发器，DDL 触发器还具有其他相似的行为。

只有在完成 T–SQL 语句后才运行 DDL 触发器。DDL 触发器无法作为 INSTEAD OF 触发器使用。

创建 DDL 触发器的语法格式为：

CREATE TRIGGER trigger_name
ON{ALL SERVER |DATABASE}
[WITH ENCRYPTION]
{FOR | AFTER}{event_type | event_group)[, ...n]
AS{sql_statement[;]

各参数意义如下。

（1）ALL SERVER：指定 DDL 触发器的作用域为当前服务器。如果指定了此参数，只要当前服务器中的任何位置上出现 event_type 或 event_group，就会激活该触发器。

（2）DATABASE：指定 DDL 触发器的作用域为当前数据库。如果指定了此参数，只要当前服务器中的任何位置上出现 event_type 或 event_group，就会激活该触发器。

（3）WITH ENCRYPTION：指定将触发器的定义文本进行加密处理。

（4）FOR | AFTER：指定 DDL 触发器只有在触发 SQL 语句中指定的所有操作都已成功执行后才激发。

（5）event_type：激活 DDL 触发器的 T–SQL 语言事件的名称。

（6）event group：预定义的 T–SQL 语言事件分组名称。

（7）AS：触发器要执行的操作。

（8）sql_statement：包含在触发器中的条件语句或处理语句。

8.5 触发器的应用

8.5.1 触发器的应用实例

例 8–5–1 完成订购之后，订购信息被存放在表 OrderDetail 中。系统应当将玩具的现有数量减少，减少数量为购物者订购的数量。

代码如下。

```
CREATE TRIGGER trgAfterOrder
ON OrderDetail
FOR INSERT
AS
BEGIN
DECLARE @cOrderNo AS char( 6 ),
@cToyid AS char( 6 ), @iQty AS int
SELECT @cToyid=cToyid, @iQty=siQty
FROM inserted
UPDATE toys
SET siToyQoh=siToyQoh–Qty
WHERE cToyid=@cToyid
END
```

在 OrderDetail 表上创建了一个触发器，触发事件是 INSERT，表示向 OderDetail 表中插入数据后执行触发器中的代码。例 8–5–1 所示的代码对于每次插入一行的操作是有效的，但是如果一次插入多行（INSERT SELECT 语句），触发器只被触发执行一次，因此只对插入的第一行有效，其余行无效。可将代码改写成以下形式。

```
CREATE TRIGGER trgAfterOrder ON OrderDetail
FOR INSERT AS
BEGIN
UPDATE toys
SET siToyQoh=siToyQoh–siQty
FROM Toys INNER JOIN inserted
ON Toys.cToyId=inserted. cToyId
END
```

inserted 表的结构与 OrderDetail 的结构相同并且能够存放新插入的一行或多行数据，因此可以先将它与 Toys 连接，然后进行运算。

例 8-5-2　当修改订单细节表（OrderDetail）中的玩具数量后，系统应当对玩具的现有数量做相应修改，修改公式是：现有玩具数量 = 玩具总数量 −（新数量 − 原数量）。

代码如下。

```
CREATE TRIGGER tri_updateorderdetail
ON Order Detail
FOR UPDATE
AS
BEGIN
UPDATE Toys SET siToyQoh=siToyQoh−（inserted.siQty−deleted.siQty）
FROM Toys INNER JOIN inserted ON inserted. cToyId=Toys.cToyId
INNER JOIN deleted ON deleted.cToyId=inserted.cToyId
END
```

在 Order Detail 表上创建了一个触发器，触发事件是 UPDATE，表示修改 Order Detail 表中的数据后执行触发器中的代码。将上面的代码在 Toys、inserted、deleted 表内连接起来，连接后的结果中只包括被修改行及这 3 个表的所有列，然后根据公式计算 Toys 表中的玩具数量字段 siToyQoh。

注意：以上两个例子只是介绍触发器的使用方法。对于例 8-5-2 中的这种业务逻辑，不建议使用触发器，而应通过存储过程或在应用程序中完成，并且使用事务。触发器一般用于没有重要的业务逻辑及操作数据较少的场合，请看下面的例子。

例 8-5-3　有一个水位监测系统，需要实时监测各点的水位。在数据库中设计两个表，一个用于存储监测点的基础信息和实时数据；一个用于存储每个监测点的历史数据。数据表的结构如表 8-5-1 所示。

表 8-5-1　水位监控涉及的表

表名	字段名称	数据类型
监测点	点位编号	NCHAR（10）
	位置	NVARCHAR（200）
	当前值	FLOAT
	更新时间	DATETIME
监测点历史数据	序号	UNIQUEDENTIFIER
	点位编号	NCHAR（10）
	值	FLOAT
	时间	DATETIME

在监测点表上创建一个触发器，当更新"当前值"字段时，通过触发器将新数据插入监测点历史数据表中，这样应用程序只需对监测点表进行操作。创建触发器的代码如下。

```
CREATE TRIGGER tri_site
ON 监测点
FOR UPDATE
AS
BEGIN
INSERT INTO 监测点历史数据（序号，点位编号，值，时间）
SELECT NEWID（），点位编号，当前值，GETDATE（）FROM inserted
END
```

注意：触发器以及触发它的语句被视为单个事务，该事务可以从触发器中回滚。如果检测到严重错误，则整个事务自动回滚。

INSTEAD OF 触发器指的是执行触发器而不执行引起触发事件的 SQL 语句，从而替代触发语句的操作。一般情况下不使用这种触发器，但是有些情况下是有用的，并且能够反映用户的真实意图。例如用户执行以下语句：

UPDATE 成绩视图 SET 姓名 = '张三'，成绩 =85 WHERE 学号 = '2015001001'

用户的真实意图是修改某个学生的学号和成绩。但是此视图的基表为两个，姓名和成绩不在同一表中，执行此语句时将会报错。因此，需要将这条语句更换为两条 UPDATE 语句去执行，这种情况下可以使用 INSTEAD OF 触发器。

INSTEAD OF 触发器的主要优点是使不可被修改的视图能够进行修改，其中典型的例子是分割视图（partitioned view）。为了提高查询性能，分割视图通常是一个或来自多个表的结果集，但是也正因此而不支持视图更新。例 8-5-4 说明了如何使用 INSTEAD OF 触发器来进行对分割视图所引用的基本表的修改。

INSTEAD OF 触发器可以进行以下操作。

（1）忽略批处理中的某些部分。

（2）不处理批处理中的某些部分并记录有问题的行列。

（3）如果遇到错误情况则采取备用操作。

提示：在含有用 DELETE 或 UPDATE 级联操作定义的外键的表上，不能定义 INSTEAD OF DELETE 和 INSTEAD OF UPDATE 触发器。

下面列举两种处理错误的方法：

（1）忽略对 Person 表的重复插入，并且插入的信息将记录在 PersonDuplicates 表中。

（2）将对 Employee 表的重复插入转变为 UPDATE 语句，该语句将当前信息检索至 Employee，从而不会产生重复键侵犯。

例 8-5-4 创建两个基表（Person、Employee）、一个视图（vwEmployee）、一个记

录错误表（PersonDuplicates）和视图上的 INSTEAD OF 触发器。

下面的这些表将个人数据和业务数据分开并且是视图的基表。

```
CREATE TABLE Person
(
SSN          CHAR( 11 )PRIMARY KEY,
Name         NVARCHAR( 100 ),
Address    NVARCHAR( 100 ),
Birthdate DATETIME
 )
CREATE TABLE Employee
(
EmployeeID        int PRIMARY KEY,
SSN               CHAR( 11 )UNIQUE,
Department        NVARCHAR( 10 ),
Salary            MONEY,
CONSTRAINT        FKEmpPer FOREIGN KEY( SSN )
REFERENCES        Person( SSN )
 )
```

下面的视图使用某个人的两个表中的所有相关数据建立报表。

```
CREATE VIEW vwEmployee
AS
SELECT P.SSN as SSN, Name, Address,
Birthdate, EmployeeID, Department, Salary
FROM Person P, Employee E
WHERE P.SSN=E.SSN
```

可记录对插入具有重复社会安全号的行的尝试；PersonDuplicaes 表记录插入的值、尝试插入操作的用户的用户名和插入的时间。

```
CREATE TABLE PersonDuplicates
(
SSN              CHAR( 11 ),
Name             NVARCHAR( 100 ),
Address          NVARCHAR( 100 ),
Birthdate        DATETIME,
InsertSNAME   NCHAR( 100 ),
```

WhenInserted DATETIME

)

INSTEAD OF 触发器在单独视图的多个基表中插入行，对插入具有重复社会安全号的行的尝试记录在 PersonDuplicates 表中，将 Employee 中的重复行更改为新语句。

```
CREATE TRIGGER IO_Trig_INS_Employee ON vwEmployee
INSTEAD OF INSERT
AS
BEGIN
SET NOCOUNT ON
—Check for duplicate Person. If no duplicate, do an insert.
IF( NOT EXISTS( SELECT E.SSN
FROM Person P, inserted I
WHERE P.SSN=I.SSN ))
INSERT INTO Person
SELECT SSN, Name, Address, Birthdate, Comment
FROM inserted
—Log attempt to insert duplicate Person row in PersonDuplicates table.
INSERT INTO PersonDtiplicates
SELECT SSN, Name, Address, Birthdate, SUSER_SNAME( ), GETDATE( ),
FROM inserted
—Check for duplicate vwEmployee. If no duplicate, do an insert.
IF( NOT EXISTS( SELECT E. SSN
FROM Employee E, inserted
WHERE E.SSN=inserted.SSN ))
INSERT INTO Employee
SELECT EmployeeID, SSN, Department, Salary, Comment
FROM inserted
ELSE
--If duplicate. change to UPDATE so that there will not be a duplicate key violation error.
UPDATE Employee
SET EmployeeID=I.EmployeeID,
Department=I.Department,
Salary=I.Salary,
Comment=1.Comment
```

FROM Employee E，inserted IWHERE E.SSN=I.SSN

END

例 8-5-5　创建 DDL 触发器，禁止修改和删除当前数据库中的任何表。

代码如下。

CREATE TRIGGER trgsafe

ON DATABASE

FOR DROP_TABLE，ALTER_TABLE

AS

PRINT' 不能修改和删除表 'ROLLBACK

8.5.2　登录触发器

登录触发器是由登录（logon）事件触发的存储过程，与 SQL Server 实例建立用户关系会话时将引发此操作。登录触发器将在登录的身份验证阶段完成之后且用户会话实际建立之前激发。因此，来自触发器内部且通常将到达用户的所有消息（如错误消息和来自 PRINT 语句的消息）会传送到 SQL Server 错误日志。如果身份验证失败，将不激发登录触发器。

可以使用登录触发器来审核和控制服务器会话，例如通过跟踪登录活动，限制 SQL Server 的登录名或限制特定登录名的会话数。

创建登录触发器的语法为：

CREATE TRIGGER trigger_name

ON ALL SERVER

[WITH<logon_trigger_option>[，...n]]

{FOR | AFTER } LOGON

AS sql_statement[;]

其中各参数的含义和创建 DDL 触发器的语法中的参数含义相同。

例 8-5-6　创建登录触发器，如果登录名 login_test 已经创建了 2 个用户会话，则拒绝由该登录名启动的 SQL Server 登录尝试。

代码如下。

CREATE TRIGGER trgconnection_limit

ON ALL SERVER WITH EXECUTE AS'login_test'

FOR LOGON

AS

BEGIN

```
IF ORIGINAL_LOGON（ ）='ogin_test'AND
（SELECT COUNT（ * ）FROM sys.dm_exec_sessions
WHERE is_user_process=1 AND
original_login_name='login_test' ）>3
ROLLBACK
END
```

8.6　触发器的管理

8.6.1　查看触发器

可以用系统存储过程 sp_help、sp_helptext 和 sp_depends 分别查看有关触发器的不同信息。下面分别对其进行介绍。

1.sp_help

使用 sp_help 系统存储过程的命令格式为：

sp_help' 触发器名字 '

通过该系统存储过程，可以了解触发器的一般信息，如触发器的名字、属性、类型、创建时间等。

2.sp_helptext

通过 sp_helptext 能够查看触发器的正文信息，其语法格式为：

sp_helptext' 触发器名字 '

3.sp_depends

通过 sp_depends 能够查看指定触发器所引用的表或指定的表涉及的所有触发器，其语法格式为：

sp_depends' 触发器名字 '| sp_depends' 表名 '

注意：用户必须在当前数据库中查看触发器的信息。

8.6.2　修改触发器

1.使用 T–SQL 语句修改触发器

（1）使用 sp_rename 命令修改触发器的名字，其语法格式为：

sp_rename oldname，newname

（2）通过 ALTER TRIGGER 命令修改触发器正文，其语法格式为：

ALTER TRIGGER trigger_name

……/* 其语法和创建时间相同，具体操作请参见创建触发器 */

2. 使用对象资源管理器修改触发器

（1）打开对象资源管理器，找到要修改的触发器的表节点并展开。

（2）在要修改的触发器上右击，在弹出的菜单中选择"修改"命令。

（3）在弹出的修改触发器窗口（类似创建窗口）中进行修改，改完后单击工具栏中的"执行"按钮即可。

8.6.3 删除触发器

用户在使用完触发器后可以将其删除，但只有触发器所有者才有权删除触发器。可用系统命令 DROP TRIGGER 删除指定的触发器，其语法形式为：

DROP TRIGGER 触发器名字

删除触发器所在的表时，SQL Server 将自动删除与该表相关的触发器。

在对象资源管理器中删除触发器与管理其他数据库对象类似，这里不再赘述。

第9章　数据库的安全管理与备份

如果将数据库比作一座楼房，将数据表比作房间，那么我们已经完成了楼房的建造、房间的打造以及装修，接下来要进行楼房的安全管理。例如，进入楼房要进行身份验证，进入房间要认证，规定能对哪些房间进行哪些操作等。对应数据库，当用户登录数据库系统时，如何才能确保只有合法的用户才能登录到系统中？当用户登录系统后，可以执行哪些操作，使用哪些对象和资源？怎样才能保证数据库及数据被意外破坏时能恢复？这些都是数据库管理系统安全性需要考虑的方面。本章将重点从这些方面进行介绍。

对此，本章对数据库的管理权限进行了讲解。同时，对数据库的备份方式和恢复模式进行了详细的说明。

9.1　数据库的安全性

9.1.1　数据库安全性概念和安全性控制

数据库安全性主要是指允许那些具有相应的数据访问权限的用户登录到数据库系统并访问数据库，以及对数据库对象实施各种权限范围内的操作；拒绝所有非授权用户的非法操作。因此，安全保护措施是否有效是数据库系统的主要性能指标之一。

数据库安全性控制的方式分为物理处理方式和系统处理方式。

物理处理方式是指针对口令泄露、在通信线路上窃听以及盗窃物理存储设备等行为，采取对数据加密、加强警卫等措施以达到保护数据的目的。

系统处理方式是指数据库系统处理方式。在计算机系统中，一般安全措施是分级设置的。在用户进入系统时，系统根据输入的用户标志进行用户身份验证，只有合法的用户才能够进入计算机系统；对于进入计算机系统的用户，数据库系统还要进行身份验证和权限管理；数据还可以通过加密存储到数据库中。另外，为了确保数据的安全，还要对数据进行实时或定时备份，以在数据遭受灾难性毁坏后能够将其恢复。

下面分别介绍与数据库有关的用户身份认证、权限控制、视图保护、数据加密、日志审计和数据备份等安全管理方式。

1. 用户身份认证

用户身份认证是数据库系统提供的最外层的安全保护措施。方法是由数据库系统提供一定的方式标志用户的身份，每次用户要进入系统时，系统都对用户身份进行核实，经过认证后才提供服务。常用的方法有以下 3 个。

（1）用一个用户名的标志来标明用户身份，系统鉴别此用户是否为合法用户。若是，则可进入下一步的核实；若不是，则不能使用系统。

（2）为了进一步核实用户，系统常常要求用户输入口令，只有口令正确才可进入系统。为保密起见，用户在终端上输入的口令不会显示在屏幕上。

以上方法简单易行，但用户名、口令容易被人窃取，因此还可以用更可靠的方法。

（3）系统提供一个随机数，用户根据预先约定好的某一过程或者函数进行计算，系统根据用户的计算结果是否正确进一步鉴定用户身份。

2. 权限控制

在数据库系统中，为了保证用户只能访问有权存取的数据，数据库系统要对每个用户进行权限控制。存取权限包括两个方面的内容：一方面是需要存取的数据对象；另一方面是对此数据对象进行哪些类型的操作。在数据库系统中，对存取权限的定义称为"授权"（authorization），授权经过编译后存放在数据库中。对于获得使用权又进一步从事存取数据操作的用户，系统根据事先定义好的存取权限进行合法权限检查，若用户的操作超过了控制的权限，系统拒绝执行此操作，这就是权限控制。授权编译程序和合法权限检查机制一起组成了安全性子系统。

3. 视图保护

数据库系统可以利用视图将要保密的数据对无权存取这些数据的用户隐藏起来，这样系统自动地提供了对数据的安全保护。

4. 数据加密

数据加密是指把数据用密码形式存储在磁盘上，防止用户通过不正当途径获取数据。用户要检索数据时，首先要提供用于数据解密的密钥，只有系统进行译码解密后，才可看到所需的数据。对于非法获取数据者来说，就只能看到一些无法辨认的二进制数。不少数据库产品具有这种数据加密的功能，系统可以根据用户的要求对数据实行加密或不加密存储。

5. 日志审计

任何系统的安全性措施不可能是完美无缺的，企图盗窃、破坏数据者总是想方设法地逃避控制，所以对敏感的数据、重要的处理，可以通过日志审计来跟踪检查相关情况。不少数据库系统具有这种审计功能，系统自动将用户对数据库的所有操作记录在专门的日志性文件中。这样，一旦出现问题，利用审计追踪的信息，就能很快发现导致数据库现有状况的时间、用户等线索，从而找出非法入侵者。

6. 数据备份

任何的安全性措施都不可能万无一失，因此，对重要的数据进行实时或定时备份是非常必要的，这样可以保证在数据遭受灾难性破坏后能够将其恢复。

9.1.2 数据库的安全机制

大部分数据库系统都包含用户登录认证管理、权限管理和角色管理等安全机制。

认证是指当用户访问数据库系统时，系统对该用户登录的账户和口令的确认过程。认证的内容包括用户的账户和口令是否有效、能否访问系统，即验证其是否具有连接数据库系统的权限。

但是，通过了认证却并不代表用户能够访问数据库，用户只有在获取访问数据库的权限之后，才能够对数据库进行权限许可下的各种操作（主要是针对数据库对象，如表、视图、存储过程等）。用户访问数据库权限的设置是通过数据库用户账户来实现的。

在数据库中，角色作为用户组的替代者能够大大地简化安全性管理。

9.2 数据库的管理权限

9.2.1 权限管理简介

当用户成为数据库中的合法用户之后，除了拥有一些系统表的查询权，并不对数据库中的用户对象具有任何操作权。因此，需要系统为数据库中的用户授予适当的操作权。实际上将登录账号映射为数据库用户也是为了方便对数据库用户授予数据库对象的操作权。

1. 对象权限

对象权限是指用户对数据库中的表、视图、存储过程等对象的操作权限，相当于数据库操作语言（DML）的语句权限，例如是否允许查询、增加、删除和修改数据等。具体包括：

（1）对于表和视图，使用 SELECT、INSERT、UPDATE、DELETE、REFERENCES 等权限。

（2）对于存储过程，使用 EXECUTE、CONTROL 和查看等权限。

（3）对于标量函数，主要有执行、引用、控制等权限。

（4）对于表值型函数，有插入、更新、删除、查询和引用等权限。

2. 语句权限

语句权限相当于数据定义语言（DDL）的语句权限，这种权限专指是否允许执行语句 CREATE TABLE、CREATE PROCEDURE、CREATE VIEW 等与创建数据库对象有关的操作。

3. 隐含权限

隐含权限是指由 SQL Server 预定义的服务器角色、数据库角色、数据库拥有者和数据库对象拥有者所具有的的权限。隐含权限相当于内置权限，表明不再需要明确地授予权限。例如，数据库拥有者自动地拥有对数据库进行一切操作的权限。

权限的管理包含以下 3 方面内容。

（1）授予权限（GRANT）：允许用户或角色具有某种操作权。

（2）撤销权限（REVOKE）：不允许用户或角色具有某种操作权，或者收回曾经授予的权限。

（3）拒绝访问（DENY）：拒绝某用户或角色具有某种操作权，即用户或角色由于继承而获得这种操作权，也不允许用户执行相应的操作。

9.2.2　权限的管理

1. 使用对象资源管理器管理对象权限

使用对象资源管理器管理数据库用户权限的过程为：

（1）启动对象资源管理器，展开要设置权限的数据库，找到"安全性"节点并展开。

（2）单击"用户"节点，在需要分配权限的数据库用户上右击，在弹出的菜单中选择"属性"命令；打开"数据库用户"属性对话框，选择"安全对象"选项卡。

（3）单击右边的"搜索"按钮，将需要分配给用户的操作权限的对象添加到"安全对象"列表中。

（4）在"安全对象"列表中，选中要分配权限的对象，在下面的"权限"列表中将列出该对象的操作权限，并且可根据需要设置相应权限。

2. 使用 Transact–SQL 的 GRANT 命令授予用户或角色权限

GRANT 命令的基本语法为：

GRANT{ALL[PRIVILEGES] }

[permission[(column[, ...n])][, ...n]

[ON[class::]securable]TO principal[, ...n]

[WITH GRANT OPTION][AS principal]

主要参数说明如下。

（1）ALL：如果安全对象是存储过程，则 ALL 表示 EXECUTE；如果安全对象是表和视图，则 ALL 对应 DELETE、INSERT、REFERENCES、SELECT 和 UPDATE。

（2）permission：权限的名称。

（3）column：指定表中将授予其权限的列的名称，需要使用括号"（ ）"。

（4）class：指定将授予其权限的安全对象的类，需要使用范围限定符号"::"

（5）securable：指定将授予其权限的安全对象。

（6）TO principal：主体的名称，可为其授予安全对象权限的主体随安全对象而异。

（7）GRANT OPTION：指示被授权者在获得指定权限的同时还可以将指定权限授予其他主体。

3. 使用 Transact–SQL 的 DENY 命令禁止用户或角色权限

DENY 命令用于拒绝授予用户或角色权限，防止用户或角色通过其组或角色成员身份继承权限，其语法格式为：

DENY{ALL[PRIVILEGES] }

|permission[(column[, ...n])][, ...n]

[ON[class::]securable]TO principal[, ...n]

[CASCADE][AS principal]

主要参数说明如下。

（1）permission：权限的名称。

（2）column：指定拒绝将其权限授予他人的表中的列名，需要使用括号"（ ）"。

（3）class：指定拒绝将其权限授予他人的安全对象的类，需要使用范围限定符号"::"。

（4）securable：指定拒绝将其权限授予他人的安全对象。

（5）TO principal：主体的名称，可以对其拒绝安全对象权限的主体随安全对象而异。

（6）CASCADE：指示拒绝授予指定主体该权限，同时对该主体授予了该权限的所有其他主体，也拒绝授予该权限。当主体具有带 GRANT OPTION 权限时，此为必选项。

4. 使用 Transact–SQL 的 REVOKE 命令撤销以前授予用户或角色的权限

REVOKE 命令用于撤销以前授予用户或角色的权限，并不禁止用户或角色通过别的方式获得权限。撤销了用户的某一权限却不一定能够禁止用户使用该权限，因为用户可能通过其他角色继承这一权限。

REVOKE 命令的语法为：

REVOKE[GRANT OPTl0N FOR]

{[ALL[PRIVILEGES]]}

|permission[(column[, ...n])][, ...n]}

[ON[class::]securable]

{TO | FROM }principal[, ...n]

[CASCADE][AS principal]

参数说明见上述命令。

9.3　数据库的备份和恢复

9.3.1　数据库的备份方式

SQL Server 数据库提供了 4 种备份方式，分别说明如下。

1. 完整数据库备份

完整数据库备份即对整个数据库进行备份。完整数据库备份耗时较长，并且需要占用大量的存储空间。发生故障时，对数据库进行恢复操作较为简单，只需将备份还原即可。

2. 差异备份

差异备份是指备份至上一次执行完整数据库备份后更新过的数据。差异备份耗时较完整数据库备份时间短，所占用的存储空间也较小。发生故障执行数据库恢复时，先执行完整数据库备份的恢复，再执行最近一次差异备份的恢复，即可将数据库恢复到最近一次执行差异备份时的状态。

3. 事务日志备份

事务日志备份是指对日志文件进行备份。日志文件记录用户对数据库的更新操作，执行事务日志备份之前必须先执行完整数据库备份。对数据库进行恢复时，先执行完整数据库备份的恢复，再依次执行事务日志备份中的操作，以此将数据库恢复到最近一次执行事务日志备份时的状态。

4. 文件及文件组备份

如果数据库的规模较大，并且数据分布在多个文件或文件组中，则执行一次完整数据库备份在时间和存储空间上较为困难，此时可对数据库执行文件及文件组备份。文件及文件组备份一次只备份部分文件及文件组中的数据，当该部分文件及文件组发生故障时，将之前执行的备份用来进行恢复即可。

说明：差异备份记录至上一次完整数据库备份之后数据库改变的内容，而事务日志备份日志文件，即记录数据库执行更新的操作过程。假如数据表中的一条记录在两次备份之间执行了 5 次更新操作，则差异备份只记录 5 次更新后的最新数据，而事务日志备份则会将 5 次操作的过程记录下来。

在实际应用中，视系统对数据丢失的容忍度，管理员会综合使用以上几种备份方式为数据库制定一份合适的备份策略，从而保证在故障发生时尽量减少损失。如果系统必须尽量保证数据损失的最小化，则可以参考以下备份策略：每周执行一次完整数据库备份，每天执行一次差异备份，每天间隔一两个小时执行一次事务日志备份。这样，当故障发生时，先恢复最近一次的完整数据库备份和差异备份，再将最近一次差异备份之后执行的事务日志备份进行恢复，则数据库可恢复到故障发生之前的最近一次执行事务日志备份的状态。

管理员对 SQL Server 数据库执行备份操作时，虽然并不影响其他用户使用数据库，但系统的响应速度可能会减慢，通常应选择在用户操作较少时（如下班后）执行备份。

9.3.2　数据库的恢复模式

为数据库制定了合适的备份策略之后，还需检查当前数据库的恢复模式是否匹配。SQL Server 数据库包括 3 种恢复模式，分别说明如下。

1. 简单恢复模式

将数据库设置为简单恢复模式时，日志文件中的内容会被定期地进行清理，此时执行事务日志备份无意义，因此，简单恢复模式下数据库只能做完整数据库备份和差异备份。

2. 完整恢复模式

将数据库设置为完整恢复模式时，所有的数据库操作都会被完整地记录到日志文件中并保留，直至进行备份。通过执行完整数据库备份和事务日志备份，在故障发生时可将数据库恢复到最近的状态。

3. 大容量日志恢复模式

将数据库设置为大容量日志恢复模式时，对于大多数大容量操作（如创建索引、大容量加载 SELECT INT0 等）会以简略的方式记录日志，而其他操作完整记录日志。当数据库执行了大容量操作后，数据库进行恢复时会有一定的局限性。

恢复模式的设置方法为：进入数据库属性对话框，在"选项"页面的"恢复模式"下拉列表中进行选择。

参考文献

[1] 王秀英,张俊玲,籍淑丽,等. 数据库原理与应用 [M]. 3 版 . 北京:清华大学出版社, 2017.

[2] 李俊, 罗勇胜. 数据库原理与应用快速入门 [M]. 北京：清华大学出版社，2016.

[3] 宋金玉, 陈萍. 数据库原理与应用 [M]. 北京：清华大学出版社，2011.

[4] 盛志伟, 方睿, 王宁. 数据库原理及应用 [M]. 西安：西安电子科技大学出版社, 2016.

[5] 王珊, 萨师煊. 数据库系统概论 [M]. 4 版 . 北京：高等教育出版社，2006.

[6] 武洪萍, 马桂婷. 数据库原理及应用: SQL Server 版 [M]. 北京：清华大学出版社, 2008.

[7] 周鸿旋. 数据库原理与 SQL 语言 [M]. 北京：清华大学出版社，2011.

[8] 朱怀宏. 数据库应用初级教程 [M]. 北京：人民邮电出版社，2013.

[9] 黄德才. 数据库原理及其应用教程 [M]. 北京：科学出版社，2006.

[10] 黄维通, 汤荷美. SQL Server 实用简明教程 [M]. 北京：清华大学出版社，1999.

[11] 苗雪兰. 数据库系统原理及应用教程 [M]. 北京：机械工业出版社，2020.

[12] 石玉强, 闫大顺. 数据库原理及应用 [M]. 北京：中国水利水电出版社，2009.

[13] 黄志球, 李清. 数据库应用技术基础 [M]. 北京：机械工业出版社，2003.

[14] 方睿, 韩桂华. 数据库原理及应用 [M]. 北京：机械工业出版社，2010.

[15] 王珊. 数据仓库技术与联机分析处理 [M]. 北京：科学出版社，1999.

[16] 陈冬亮. Oracle 11g 数据库实用教程 [M]. 北京：清华大学出版社，2013.

[17] 王亚平. 数据库系统原理辅导 [M]. 西安：西安电子科技大学出版社，2003.

[18] 万常选,廖国琼,吴京慧,等. 数据库系统原理与设计 [M]. 北京:清华大学出版社, 2009.

[19] 施伯乐, 丁宝康, 汪卫. 数据库系统教程 [M]. 2 版 . 北京：高等教育出版社, 2003.